# 美国 NPDES 许可证编写者指南

水办公室（4203），EPA-833-B-96-003　December 1996

美国环境保护局　著

叶维丽　吴悦颖　王　东　刘伟江　文宇立 等　译

中国环境出版社 · 北京

图书在版编目（CIP）数据

美国 NPDES 许可证编写者指南/美国环境保护局著；叶维丽等译. —北京：中国环境出版社，2014.7
ISBN 978-7-5111-1839-4

Ⅰ. ①美… Ⅱ. ①美…②叶… Ⅲ. ①排污许可证—对比研究—中国、美国 Ⅳ. ①X-652

中国版本图书馆 CIP 数据核字（2014）第 088761 号

出 版 人 王新程
责任编辑 黄晓燕
文字编辑 谷妍妍
责任校对 唐丽虹
封面设计 宋 瑞

---

出版发行 中国环境出版社
（100062 北京市东城区广渠门内大街 16 号）
网 址：http://www.cesp.com.cn
电子邮箱：bjgl@cesp.com.cn
联系电话：010-67112765（编辑管理部）
010-67112735（环评与监察图书出版中心）
发行热线：010-67125803，010-67113405（传真）
印 刷 北京中科印刷有限公司
经 销 各地新华书店
版 次 2014 年 7 月第 1 版
印 次 2014 年 7 月第 1 次印刷
开 本 787×1092 1/16
印 张 9
字 数 200 千字
定 价 45.00 元

---

# 编 译 组

叶维丽　吴悦颖　王　东　刘伟江

文宇立　郭黎卿　刘雅玲　张文静

王　强　孙　娟　韦大明　郑馨竹

蒋松竹　段姝悦　高琼洁

# 译者序

美国环境保护局编写的《美国 NPDES 许可证编写者指南》是其为落实 NPDES 许可证制度而编写的重要参考文件。它为 NPDES 许可证的编写者、申请者以及其他相关技术人员提供了 NPDES 许可证的制定思路、申请的标准程序、相关技术问题的解答以及一些有用的参考信息。这些信息十分有效，有助于许可证编写者及其他相关研究、管理人员理解美国的 NPDES 许可证制度。

本书分为 12 章，介绍了 NPDES 项目的历程与发展及其制度框架与涵盖范围，对其许可程序进行了概述，对申请表进行了详细描述，重点介绍了基于技术的排放限值与基于水质的排放限值的制定过程，并对监测报告、特定情形、标准情形、其他规章相关内容以及实施与强制执行进行了阐述，基本上完整地介绍了 NPDES 许可证制度在美国的发展历程以及制度的设计思路。对中国开展排污许可证制度编制、污染排放标准编制、污染源管理等相关人员来说，本书无疑将成为非常有用的参考资料。

在本书的翻译过程中，为追求语句通达，环境保护部环境规划院水环境规划部的同仁们付出了大量的努力与汗水。其中第 1 章至第 5 章由叶维丽负责翻译校对，第 6 章由文宇立、张文静负责翻译校对，第 7 章由刘雅玲、王强负责翻译校对，第 8 章由叶维丽、孙娟负责翻译校对，第 9 章至第 10 章由文宇立、刘雅玲负责翻译校对，第 11 章至第 12 章由郭黎卿、韦大明负责翻译校对，王东、吴悦颖、叶维丽、刘伟江负责全书的翻译校对与统稿。在此要感谢美国加利福尼亚州洛杉矶市水质管理局的开根森先生与美国加利福尼亚州当尼市公用局局长温俊山博士为本书提供的信息咨询，同时要感谢中国人民大学的郑馨竹、蒋松竹同学，以及南开大学的段姝悦、高琼洁同学对本书翻译校对工作做出的贡献。

2014 年 1 月

# 术语表

此术语表包含了指南中用到的所有定义及其解释，与美国环保局（Environment Protection Agency，EPA）制定的法规和其他官方文件中的专业术语无关，仅用于本指南的解读。

- 401（a） Certification，401（a）认证——《清洁水法》中第 401 条（a）款的要求，即所有联邦颁发许可证必须经过排污地点所属州的认证，认证其符合所在州的水质标准及其他要求。
- Acute，急性——急性污染源是指能迅速引发强烈影响的污染源。急性反应是指在水生动物毒性测试中，能在 96 小时之内观测到的反应。涉及水生毒理学或者人体健康时，急性反应通常不衡量其致命性。
- Anti-backsliding，反倒退——联邦法规及《清洁水法》[CWA 303（d）（4）；CWA 402（c）；CFR 122.44（1）] 提及的一项概念，除某些特殊情况外，要求重新颁发的许可证不得放宽要求。
- Antidegradation，反退化——一项用于保护水体水质的政策，应用于有鱼类及水生生物繁殖和栖息要求的水体，以及水质良好的重要自然水源水体。各州制定反退化方案用以减少水体受到的负面影响。
- Authorized Program or Authorized State，授权项目（州）——由 EPA 按照联邦法规第 40 卷 123 章认证或者授权的州、区、部落，或州际之间的国家污染物排放削减体系（National Pollutant Discharge Elimination System，NPDES）项目。
- Average Monthly Discharge Limitation，月均日排放限值——月均日排放值的最高许可值，月均日排放值是用每月所有监测排放值之和除以监测天数（粪大肠菌群的监测除外）。
- Average Weekly Discharge Limitation，周均日排放限值——周均日排放值的最高许可值，周均日排放值是用每周所有监测排放值之和除以监测天数。
- Best Available Technology Economically Achievable（BAT），基于最佳可行性技术的标准——《清洁水法》中颁布的全国适用的技术标准，用于控制有毒、非常规的污染物向航运水体中排放。一般来说，BAT 排放限值指南包括处理所有类型工业点源污染时经济效益最佳的可行技术。
- Best Conventional Pollutant Control Technology（BCT），基于常规污染物最佳控制技术的标准——基于现有工业点源污染物的排放技术标准，包括生化需氧量、总固体悬浮物、粪大肠菌群、pH、石油类和油脂类。BCT 由以下两部分“成本合理性”测算构成，其中第一部分将相似级别工业和污水处理厂削减等量污染物的成本进行比较；第二部分考察工业废水额外处理的成本是否超过最佳实用技术的成本。同时，EPA 在发布某项技术为 BCT 之前要设置合理的限制。

- Best Management Practice（BMP），最佳管理实践——许可证的条款可以代替排污限值，或与排污限值结合来对污染物的排放进行控制，包括活动安排、经验展示、维护和其他管理实践。最佳管理实践可能包括处理要求、操作过程，或者控制场地径流、溢水、泄漏、停留时间，抑或废物处理、贮料场排水等。
- Best Practicable Control Technology Currently Available（BPT），基于最佳实用技术的标准——《清洁水法》颁布的第一阶段控制污染物排入水体的技术标准：BPT 出水限值指南基本都基于各类运行最好的工业污水处理厂的平均水平。
- Best Professional Judgment（BPJ），最佳专业判定——许可证编制者结合相关数据，用这种方法来编写有针对性的 NPDES 许可证条款。
- Bioassay，生物鉴定——用于评价一种化学物质或化学混合物的相对影响效力：比较等量化学物质与标准制剂在同种生物身上的影响。
- Biochemical Oxyen Demand（BOD），生化需氧量——废水水样中的有机物在一定时间（通常为 5 天）之内分解所需的氧气量：用于测定废水中易分解的有机成分。
- Bypass，溢流——在废水处理（或预处理）设施中任意部分经过蓄意设置，超过废水处理设备直接排出的废水。
- Categorical Industrial User（CIU），行业分类工业用户——符合国家分类预处理标准的工业用户。
- Categorical Pretreatment Standards，行业分类预处理标准——EPA 发布的污染物排入市政污水处理厂的排放限值：符合《清洁水法》中适用于特定工业废水排放的 307 部分的规定。
- Chemical Oxygen Demand（COD），化学需氧量——废水中有机物和无机物的氧气消耗量，单位是 mg/L。由于化学氧化物会与细菌不能分解的物质反应，所以 COD 与 BOD 没有必然联系。
- Chronic，慢性——能够持续较长时间的刺激源，其持续时间一般能占据生物生命周期的 1/10。慢性反应需要根据生物生命周期进行相对判定，可以通过检测增长是否放缓、繁殖是否减少或种群死伤情况来判定。
- Clean Water Act（CWA），《清洁水法》——美国国会颁布的控制水污染的法案，其前身是 1972 年的《联邦水污染控制法》及其修订案。
- Code of Federal Regulations（CFR），联邦法规——在联邦公报中发布的法律规定汇编，第 40 卷中包含了环境法规。
- Combined Sewer Overflow（CSO），合流制溢流污水——从合流制下水道排出的未经市政污水处理厂处理的废水。雨季时容易发生溢流，这时下水道系统超负荷运行，绕过污水处理厂，直接排入受纳水体。
- Combined Sewer System（CSS），合流制污水系统——一种通过独立管道输送污水（包括生活污水、工业废水和商业废水）和雨水而非直接排放到地表水体的废水收集系统。
- Compliance Schedule，达标期限——许可证或强制法令中的整改措施日程安排：符合《清洁水法》和其他法规规定的一系列时间节点，包括一些措施、行动或里程碑事件。

- Composite Sample，混合水样——由两种或两种以上的独立水样混合而成的水样。混合水样可以反映混合或取样期间的平均水质。
- Conventional Pollutants，常规污染物——城市污水处理厂二级处理主要针对的典型污染物，包括联邦法规里定义的五日生化需氧量（$BOD_5$）、总悬浮固体（TSS）、粪大肠菌群、pH、油和油脂类。
- Criteria，基准——为保证环境介质（如地表水、地下水和沉积物）的基本功能而制定的污染物浓度的数值和标准。
- Daily Discharge，日排放量——污染物在一天（24 小时取样）内的监测排放量。污染物限值以质量单位表示的，日排放量以质量单位计算；污染物限值以浓度单位表示的，日排放量以浓度单位计算。
- Daily Discharge Limit，每日最大限值——每日最大可允许污染物排放量。每日最大限值以质量单位表示的，日排放量即每日排放的总质量；每日最大限值以浓度单位表示的，日排放量即全天浓度监测值的平均值。
- Development Document，编制说明——EPA 编制出水限值指南期间的进度报告，包括用于编写限值指南和工业行业预处理标准的数据和方法论。
- Director，负责人——区域负责人、州负责人或者授权代表。当项目不是由州认证的项目而是 EPA 管理的项目时，负责人指大区负责人；当项目是由州认证的项目时，负责人指州负责人。
- Discharge Monitoring Report（DMR），排放监测报告——NPDES 持证者用于报告自主监测结果的表格，包括后续的补充内容、修订或者修改。授权过的州和 EPA 都可以使用排放监测报告。
- Draft Permit，许可证草案——在联邦法规第 40 卷 124 章 6 节法案的规定范围内，能反映负责人暂时性关于许可证发放、拒申、修改、撤回、重新颁发和终止决定的文件：终止许可证意向通知、拒绝许可证申请意向通知，按照联邦法规第 40 卷 124 章 5 节的规定，都可以视作许可证草案；修改诉求被拒、撤回、重新颁发、终止许可证，按照联邦法规第 40 卷 124 章 5 节的规定，不视作许可证草案。
- Effluent Limitation，排放限值——由负责人制定的，对于从点源污染源排入美国境内水体、近岸海域、大洋中的污染物的数量、排放速率和浓度的限制。
- Effluent Limitation Guidelines（ELG），排放限值指南——按照《清洁水法》第 304 条（b）款的规定，由负责人提出的工业行业出水技术要求的规定。
- Fact Sheet，情况说明书——NPDES 主要排放源、普通许可证、特殊许可证、污泥土地利用计划的许可证及其他类型的许可证的草案中都必须包括的文件。情况说明书概括了编写草案时需要考虑的实际情况、法律法规、研究方法和政策方面的相关问题，以及公众对草案可能的意见。在情况说明书非必需的情况下，需要有一份基础情况陈述。
- Fundamentally Different Factors（FDF），有本质差异的因素——在制定排放限值指南和预处理标准时，若申请企业的工艺组成与 EPA 推荐工艺的差异过大，可为这个设施的排放限值指南和预处理标准做一些调整。

- ❖ General Permit，一般许可证——根据联邦法规第 40 卷 122 章 28 节的规定，为区域内一系列排放行为颁发符合《清洁水法》的 NPDES 许可证。一般许可证不专门针对个别排放行为。
- ❖ Grab Sample，随机水样——忽略流速和测量时间，随机从废水水流中抽取的水样。
- ❖ Hazardous Substance，有害污染物——任何排入美国的水体中并对公众健康和福利造成重大急性危害的物质（除石油类），不仅限于对鱼类、贝类、野生动物、海岸线、海滩的影响（《清洁水法》第 311 条）。有害污染物以 EPA 在联邦法规第 40 卷 116 章列举的物质为准。
- ❖ Indirect Discharge，间接排放——根据《清洁水法》第 307 条（b）（c）（d）款的规定，任何类型的非生活污染源（如工业或商业源）排放进入城市污水管网，都为间接排放。
- ❖ Instantaneous Maximum Limit，瞬时最大限值——忽略流速和测量时间，分析单一或复合水样得到的污染物浓度最大允许限值。
- ❖ Local Limits，地方限值——由市政部门制定的，针对工业和商业设施排入城市污水管网的条件性排放限值。
- ❖ Major Facility，主要设施——由区域负责人对其进行分类（在经过州认证项目的情况下，由区域负责人和州负责人联合对其进行分类）的 NPDES 项目设施或行为。主要城市排放源包括设计规模超过 3 780 $m^3$/d 的设施和经 EPA 或州认证过的工业预处理项目，主要工业设施由 EPA 或州用具体的等级标准来确定。
- ❖ Method Detection Limit，方法检出限值——一种物质可被检出并有 99%准确率的最小浓度。分析物的浓度一般大于零，是通过分析含有此物质的标准样品得到的。
- ❖ Million Gallons per Day（mgd），百万加仑/天——废水排放量的常用单位，1 mgd 相当于 3 780 $m^3$/d。
- ❖ Mixing Zone，混合区——出水经过首次稀释后，达到与周围水体二级混合状态的区域。混合区是影响污染物分配的区域，此处的水质标准可以设置得较高，以防止突发性的有毒污染状况发生。
- ❖ Municipal Separate Storm Sewer System（MS4），城市分流制雨水系统——隶属于州、市、镇或其他公共团体的用于收集和输送降水的载体或一系列载体。城市分流制雨水系统包括铺有下水系统的路段、城市街道、集水井、路边、排水沟、沟渠、人造地道或雨水沟，是非合流制的下水道系统，且不属于市政污水处理厂。
- ❖ National Pollutant Discharge Elimination System（NPDES），国家污染物排放削减体系——按照《清洁水法》第 307、318、402、405 条规定，颁发、修改、撤回与重新颁发、终止、监督和实行许可证以及编写和实行预处理标准的国家项目。
- ❖ National Pretreatment Standardor Pretreatment Standards，国家预处理标准——在符合《清洁水法》第 307 条（b）（c）款规定的前提下，由 EPA 发布的适用于各类工业企业排入市政污水处理厂的污染物限值的所有法规。包括联邦法规第 40 卷 403 章 5 节中发布的排放标准及各地的标准。
- ❖ New Discharger，新建排污设施——符合以下条件的各种建筑、结构、设施和设备：

a. 存在或可能产生污染物排放的设施；

b. 在 1979 年 8 月 13 日之前未开始在该地区排污的设施；

c. 非新产生的污染源；

d. 从未持有有效的 NPDES 许可证。

❖ New Source，新建污染源——符合以下条件的，方可建设可能产生污染物排放的建筑、结构、设施和设备：

a. 符合《清洁水法》第 306 条规定以及针对这些污染源颁布的绩效标准。

b. 符合《清洁水法》第 306 条规定以及针对这些污染源提出绩效标准颁布计划，相关标准将在提议提出 120 天之内发布的。

c. 除了在新污染源的绩效标准中有列出，若污染源符合联邦法规第 40 卷 122 章 2 节中的定义并满足以下条件，即认为是一个新污染源：

i. 场地周围无其他污染源。

ii. 更新了现有产生污染排放的生产过程和设备。

iii. 在同一场地与现有污染源的产生过程相互独立。为了确定各个工程是否独立，负责人需考虑以下因素：新建设施与现有处理厂的衔接程度、新建设施与现有污染源各种活动的关联程度等。

❖ New Source Performance Standards（NSPS），新建污染源排放标准——联邦法规第 40 卷 122 章 2 节和 29 节中规定的新建污染源设施的技术标准。新建污染源设施可设计各种更有效控制污染物排放的操作。

❖ Nonconventional Pollutant，非常规污染物——联邦法规第 40 卷 401 章典型和有毒污染物清单中未列举的污染物，包括化学需氧量、总有机碳、氮和磷等污染物。

❖ Point Source，点源——任何能够识别的、封闭的和非连续的载体，能通过以下渠道产生或有可能产生污染物排放，如管道、沟渠、通道、隧道、导水管、取水井、独立设备、容器、所有车辆、规模化畜禽养殖场、场地渗滤液收集系统、器皿或其他船只等。

❖ Pollutant，污染物——包括海底淤泥、固体废物、焚化炉残渣、滤池反冲洗废液、污水、垃圾、污泥、军需废物、化学废物、生物材料、放射性材料（1954 年修订过的《原子能法令》中规定的物质除外）、废热、损毁或废弃的设备、碎石、沙、地窖污垢和工业、生活和农业排入水体中的废物。

❖ Pollutant，Conservative，难降解污染物——在环境中难以降解，却在水体中可被稀释的污染物，例如金属类污染物。

❖ Pollutant，Non-Conservative，可降解污染物——在进入水体被混合稀释之后，在环境中通过生物降解或其他环境消解和去除作用而降解的污染物。

❖ Pretreatment，预处理——在污水排入市政污水处理厂之前，为减少污染物的数量或改变其性质，对污染物进行削减或改变污染物特性的操作。

❖ Primary Industry Categories，主要工业行业类别——在自然资源保护委员会（NRDC）的协议书中列举的工业类别，EPA 可用来编写出水排放指南。

❖ Primary Treatment，一级处理——通过沉降来去除污水中部分悬浮物和有机物，也包括影响处理系统运行和维护的污水成分（包括沙砾、碎布、杂物、油脂等）。

- ❖ Primary Pollutants，优先污染物——《清洁水法》基于自然资源保护委员会协议书而颁布的需要重点控制的污染物。
- ❖ Process Wastewater，工艺废水——在生产或使用原材料、中间产品、成品、副产品或废料过程中直接接触而产生的污水。
- ❖ Production-Based Standard，产污系数——生产单位产品的最大允许产污质量。
- ❖ Proposed Permit，许可证提案——在公众评议时间结束之后（可举办公开听证会和行政申诉会），提交给 EPA 审阅，并等待由州颁发的 NPDES 许可证正本。
- ❖ Public Owned Treatment Works（POTW），市政污水处理厂——由《清洁水法》第 212 条定义的、隶属于州政府或市政厅的污水处理厂，包含所有用于储存、处理、循环和回用城市污水以及工业废水的设备和系统，同时还包括输送污水进入市政污水处理厂的下水井、管道和其他载体。
- ❖ Sanitary Sewer，下水管道——输送住宅、商业区、工业区产生的废水或水污染物进入市政污水处理厂的管道和水井。
- ❖ Sanitary Sewer Overflow（SSO），下水道溢流——从下水道系统中溢流出来的未处理或未完全处理的污水。
- ❖ Secondary Industry Category，次要工业行业类别——所有非主要的工业行业类别。
- ❖ Secondary Treatment，二级处理——为直接排放的城市污水处理设施制定的技术要求。基于城市污水中污染物的物理和生物过程，以五日生化需氧量（$BOD_5$）、悬浮固体（SS）和 pH 三个指标来规定最低出水水质（等同于二级处理的特殊因素和处理方式除外）。
- ❖ Self-monitoring，自主监测——自主取样和分析活动，能够反映许可证和相关规定要求的履行情况。
- ❖ Spill Prevention Control and Countermeasure Plan（SPCC），溢流控制计划——为减少溢流可能性，促进溢流的控制及清除，由设施运行方提供的计划。
- ❖ Significant Industrial User（SIU），重点工业用户——国家预处理项目中重点控制的间接排污源。包括遵守国家在册预处理标准的间接排污源，也包括每天排放大于或等于 95 $m^3$ 污水的间接排污源，或在市政污水处理厂中水力负荷或有机负荷大于或等于 5%的间接排污源，但也不排除一些例外的情况。
- ❖ Standard Industrial Classification（SIC） Code，标准工业分类代码——区分工业类型的编码系统，由位于华盛顿特区的美国政府印刷局发布，若工业企业从事多种交易和生产活动，可用多个 SIC 编码。
- ❖ STORET——EPA 建立的储存和提取水质数据的信息系统，包括在全国测量获得的物理、化学和生物数据。
- ❖ Storm Water，暴雨径流——雨水径流、雪水径流、地表水径流及排水。
- ❖ Technology-Based Effluent Limit，基于技术的排放限值——根据某些能将污染物浓度降到一定水平的处理技术制定的许可证限值。
- ❖ Total Maximum Daily Load（TMDL），每日最大负荷——点源、非点源和内源排放入有水质标准要求的受纳水体中的污染物数量。超过 TMDL 的污染负荷即违反水质标准的规定。

- Total Organic Carbon（TOC），总有机碳——水中有机碳的含量。
- Total Suspended Solids（TSS），总悬浮固体——水样中能够滤出的固体含量。联邦法规第 40 卷 136 章规定了 TSS 的测定方法。
- Toxic Pollutant，有毒污染物——排放后通过接触、摄入、吸入或吸收进入生物体内的污染物或复合型污染物（包括致病媒介）。根据 EPA 管理机构的信息显示，无论是从环境中直接摄入还是通过食物链间接摄入，都会引发生物及其后代死亡、疾病、行为异常、癌症、基因突变、机体病变（包含生殖病变）或机体变形。含《清洁水法》中第 307 条（a）（1）款中由管理机构列举的污染物和第 405 条（d）款中涉及污泥管理的污染物。
- Toxic Reduction Evaluation（TRE），毒性削减评估——为识别出水毒性来源、隔离毒性来源、评价毒性控制措施有效性、认定出水毒性削减量而逐步开展的特定场地研究。
- Toxicity Test，毒性试验——用生物来测定化学物质或出水毒性的测试，用于检测化学物质或出水对于接触生物的影响程度。
- Treatability Manual，可处理性手册——介绍各种污染物可处理性的手册，包含五套 EPA 的指导手册。对于不受工业排放指南限值约束的设施及污染物，该手册可以用来编写 NPDES 许可证中的排放限值，由以下 5 个部分组成：Ⅰ可处理性数据；Ⅱ工业描述；Ⅲ技术；Ⅳ成本预算；Ⅴ总结。
- Technical Support Document Water Quality-basedToxics Control（TSD），《基于水质的有毒污染物控制技术支持手册》—— 是 EPA 水环境执法与许可证发放部门于 1991 年颁布的水质毒性控制技术支持文案，包含水质限值的制定步骤。
- Treatment Works Treating Domestic Sewage（TWTDS），生活污水处理厂——包括所有市政污水处理厂以及其他不处理污水但处理污泥的设施。
- Upset，异常——由于各种不可控因素，排放许可证持证者发生非故意的、暂时的违规行为。不包括由于操作误差、设计不合理、设备容量不够、缺乏维护、操作失误而造成的违规行为。
- Variance，调整——根据《清洁水法》第 301/316 条、联邦法规第 40 卷 125 章以及排放限值指南，允许修改（或免除）排放限值或《清洁水法》要求的时间期限，包括允许建立基于有本质差异因素的替代限值。
- Wastes-Load Allocation（WLA），纳污总量分配——将水环境的每日最大负荷分配到各个污染点源。
- Water Quality-Based Effluent Limit（WQBEL），基于水质的排放限值——在点源排放污染物进入水体的情况下，对于既定污染物，用所有水质标准（水生生物、人类健康、野生动物等）计算的排放限值中的最严格标准。
- Water Quality Criteria，水质基准——包括定性和定量的基准。定量条件是由 EPA 或州制定的为了保护人类健康和水生生物的各种浓度值；定性条件是描述水质目标的文字叙述。
- Water Quality Standard（WQS），水质标准——包括规定了水资源的有效利用、保护水资源利用的水质定性和定量条件、反退化的法律法规。

- Waters of the United States，联邦水体——过去开发利用过的、现今正在利用的、将来可能用于跨州利用或国外交易的所有水资源。包括海潮和海浪，如州际之间的湖库、河流、溪流（包括间歇性的溪流）、泥滩、沙滩、湿地、沼泽、草原壶穴、草原湿地、休闲湖泊或天然池塘等。
- Whole Effluent Toxicity（WET），污水综合毒性——用毒性测试直接测定的出水毒理影响。

# 目 录

# 第1章　导 论

撰写本指南的目的是为水污染物排放许可证制度的发展提供基本规章框架及技术思路，以达到国家污染物排放削减系统（National Pollutant Discharge Elimination System，NPDES）的要求。指南为新许可证编写者而设计，但也可作为有经验的许可证编写者的参考。另外，指南将为任何有兴趣学习 NPDES 许可证发展的法律程序和技术方面的人员提供有用的信息来源。本操作指南更新了 1993 年的《NPDES 许可证编写者培训指南》。

美国环保局（Environment Protection Agency，EPA）的每个区办事处或经批准的州都有针对当地情况的 NPDES 准许程序。因此，本指南的目的是解释 NPDES 项目里所有州或区办事处发放许可证的共同要点，其具体目的和功能还包括：

- ❖ 综述 NPDES 项目的涉及范围及基本规章框架；
- ❖ 阐述许可证的主要内容及许可程序；
- ❖ 描述不同类型的废水排放标准限值及在排放标准制定过程中法律和技术层面的考虑；
- ❖ 描述其他许可条件，包括：特殊条件、一般条件、监测和报告的条件；
- ❖ 描述其他许可证注意事项，包括：内容调整、反倒退原则以及其他适用法令（如《国家环境政策法》、《濒危物种法》、《国家历史保持法》）；
- ❖ 解释许可证发放、变更、撤回、终止的行政程序。

本指南不是一份独立的参考文献，而是制定 NPDES 许可证发展的框架，适用于特殊排放类型和排放情况的 EPA 和州指导性文件，可以对该框架进行必要的补充。本指南提供了其他指导性文件以及提供如何获得这些文献的信息。

NPDES 项目衍生于多项法律提案，其历史起源可追溯到 20 世纪 60 年代中期。1965 年，国会制定法令要求各州在 1967 年年底前针对州内水域制定水环境质量标准。但是，尽管得到了越来越多的公众关注和联邦资金投入，但只有 50%的州于 1971 年制定了相关水环境质量标准。由于监管机构难以举证说明水质问题会损害人类健康或水质不符合标准，联邦法令的执法收效甚微。为强制排污者执行水质标准，不得不由执行机构对排污行为与水质问题间的响应关系进行举证。由于未能成功完成制定水质标准项目，加上联邦水污染法令的强制执法效率低下，促使联邦政府在 1899 年的《河港法》框架下修订了 1970 年许可证项目《废弃物法案》（Refuse Act Permit Program，RAPP），使其成为控制水污染的手段之一。

《废弃物法案》要求任何向公共水道排放废物的设施均需获得联邦许可证。1970 年 12 月 23 日，许可证计划由总统令授权执行。随即 EPA 和美国陆军工程师兵团完善了许可证计划的行政和技术基础。然而，在 1971 年 12 月，俄亥俄州联邦地区法院做出决定，独立设施许可证的颁发需按 1969 年《国家环境政策法》（National Environment Policy Act，NEPA）

的要求准备环境影响评价报告，RAPP 法案被废止。但是许可证的理念保留了下来，在 1972 年 11 月，国会通过了《联邦水污染控制法修订案》（以下简称 1972 年法案），修正内容包括了作为国家水污染控制核心的 NPDES 许可证项目。

1972 年法案的制定显著地改变了美国水污染控制的基本思路。修正案维持了以水质为基准的污染物控制思路，但同样强调了基于工程技术的或末端治理的控制策略。为阐明国会的这一思路转变，1972 年法案在 101 节中制定了一系列目标及政策。其中，值得注意的是要求在 1985 年之前消除污染物排放到航行水域中的目标。这个目标并未实现，但一直作为制定许可证的原则。1972 年法案也提出了阶段性目标，即在 1983 年 7 月 1 日实行“提供可以保护并繁殖鱼类、贝类及野生生物，并且人类能够进行水上娱乐活动的水质”。这个目标的更广为人知的说法是“可垂钓、可游泳”的目标。法令还包括以下 4 个重要的原则：

- ❖ 不可随意向航行水域排放污染物；
- ❖ 排污许可证要求利用公共资源处理废物，并减少可能排入环境的污染物量；
- ❖ 废水必须按经济可行的最佳处理技术进行处理——无论其接纳水体的水质状态如何；
- ❖ 排放限值应当基于污水处理技术来制定，但如果企业采用基于技术的排放限值无法达到受纳水体的水质标准，则应采用更为严格的排放限值。

需要明确的是，法案的第四部分构建了废水排放许可证制度（402 节）以实现法案的目标，这就是国家污染物排放削减系统（NPDES）。法案标题的提纲见专栏 1-1。

**专栏 1-1　《清洁水法》框架**

第一章　相关研究及项目

第二章　污水处理设施建设拨款

第三章　标准与实施

- 301 条　排放限值
- 302 条　水质相关的排放限值
- 303 条　水质标准和执行方案
- 304 条　资料和（排放）指南
- 305 条　水质指标
- 307 条　有毒有害物质排放标准和预处理排放标准

第四章　排污许可证

- 402 条　国家污染物排放削减体系（NPDES）
- 405 条　污泥处理处置

第五章　有关规定

- 502 条　定义
- 510 条　州政府及相关政府部门职权
- 518 条　印第安部落的特殊规定

第六章　州水污染防治基金

第一批 NPDES 许可证发放于 1972—1976 年，许可证根据当时的最佳实用处理技术（Best Practicable Control Technology Currently Available，BPT）提出控制一些常规污染物，主要集中在 $BOD_5$、总悬浮物（TSS）、pH、油和油脂及部分金属。1972 年法案要求所有处理设施在 1977 年 7 月 1 日之前均须达到最佳实用处理技术（BPT）水质标准的要求。另外，该法令还要求所有处理设施必须在 1983 年 7 月 1 日以前达到最佳可行性技术（Best Available Technology Economically Achievable，BAT）水质标准的要求。由于当时全国统一的基于废水处理技术的排放标准尚未制定，第一批发放给工业设施的大部分许可证中的废水排放标准是基于最佳专业判定（Best Professional Judgment，BPJ）制定的。到 70 年代后期和 80 年代前期，第二批许可证的发放则开始强调对有毒物质的控制，但由于缺乏相关物质可处理性的信息，最终未能实现。

EPA 未能按照 1972 年法案的要求对有毒物质（排放）进行有效控制，导致了美国自然资源保护委员会（National Resources Defense Council，NRDC）对其提起诉讼（1976 年）。该案于 1976 年通过法庭达成了和解，和解令中规定了：①须“优先”控制的污染物；②须达到基于技术水质标准的“重点行业”；③控制 1972 年法案要求的有毒物质排放。该和解令的规定被纳入 1977 年《清洁水法》修正案框架，并使《清洁水法》重新将重点放在有毒物质的控制上。

1977 年对 1972 年法案的修正案，也就是 1977 年的《清洁水法》（Clean Water Act，CWA），将污染物控制的重心由常规污染物转向了有毒物质。这一时期对有毒有害污染物的控制被称作第二批许可行动。BAT 控制的范围也扩大到有毒污染物。因此，BAT 执行的最后期限被推迟到 1984 年 7 月 1 日。原本由 BPT 控制的常规污染物（$BOD_5$、TSS、pH、粪大肠菌群、油和油脂）受到新的标准——基于常规污染物最佳控制技术的标准（Best Conventional Pollutant Control Technology，BCT）的控制而提高到一个新的水平。BCT 执行的最后期限同样是 1984 年 7 月 1 日。

1987 年 2 月 4 日，国会通过《水质法》（Water Quality Act，WQA），对 CWA 进行了修正。WQA 中重点提出了各州达标的策略。WQA 要求所有州对区域内点源采用基于技术控制标准后仍不能达标的水体进行识别。各州必须提出相应的控制策略来减少点源和非点源的有毒有害污染物排放，以期达到水质标准。在其他措施中，这些计划需要提出比基于技术标准更严格的污染物控制标准。

《水质法》再次延长了达到 BAT 和 BCT 废水排放标准的期限，延期至 1989 年 3 月 31 日。同时，WQA 制定了控制工业废水和城市暴雨径流排放达到 NPDES 许可证要求的新时间表。工业废水和城市暴雨径流排放也要达到与 BCT/BAT 相同的排放标准。城市分流制雨水系统（Municipal Separate Storm Sewer System，MS4）要求在最大可行性范围（Maximum Extent Practicable，MEP）内控制污染物排放。此外，WQA 要求 EPA 对污泥中的有毒物质进行鉴定，并进行总量控制。WQA 还发布了反倒退法令，禁止对已颁发的许可证进行降低排放限值、标准或状况的修改。一些基于技术的限值可能有放松的情况，但除了被批准的变更外，禁止任何低于现有排放基准或水质标准的情况出现。

# 第 2 章　NPDES 项目的制度框架与涵盖范围

本章主要讨论国家污染物排放削减体系（National Pollutant Discharge Elimination System，NPDES）项目的制度框架，统一框架内 NPDES 项目规定的各类行动，并讨论了各类规定行动的项目范围。

## 2.1　NPDES 项目的制度框架

第 1 章讲述了国会根据《清洁水法》第 402 条规定要求美国环保局（Environment Protection Agency，EPA）建立和执行 NPDES 许可证项目的具体过程。国会通过了《清洁水法》后，EPA 必须随之出台配套的规章制度，第一条为贯彻执行 NPDES 项目而制定的规章收录于联邦法规（Code of Federal Regulations，CFR）第 40 卷 122 章。

联邦法规收录了联邦所有政府部门发布的所有规章。CFR 由总务管理局国家档案和记录服务机构发布，其内容每年更新一次，更新的依据是联邦公报（Federal Register，FR）日常发布的各种规章。

联邦公报是 EPA 以及其他联邦政府分支机构下达通知、计划和发布规章的工具。虽然所有的规章都可以在联邦法规中找到，但联邦公报中包含的编制说明可使我们了解这些规章的背景和执行信息。这些信息对于许可证的编写者非常重要，是许可决策制定的法规依据。

联邦 NPDES 项目规章（40 CFR 122）的概述收录在专栏 2-1 中。联邦法规第 40 卷与 NPDES 有关的其他部分包括：

- ❖ 123 章（州立项目的要求）
- ❖ 124 章（制定决策的程序）
- ❖ 125 章（基于技术的标准）
- ❖ 129 章（有毒污染物的标准）
- ❖ 130 章（水质管理计划）
- ❖ 131 章（基于水质的标准）
- ❖ 133 章（污水二级处理规范）
- ❖ 135 章（公民诉讼）
- ❖ 136 章（分析程序）
- ❖ 257 章（州污泥处置规范）
- ❖ 401 章（一般污染源指导意见）
- ❖ 403 章（一般预处理规定）
- ❖ 405—471 章（废水限值指南）

- ❖ 501 章（州污泥许可证要求）
- ❖ 503 章（城市污泥处理标准）

**专栏 2-1　联邦 NPDES 项目规章（40 CFR 122）的概述**

A-定义以及一般许可证项目要求

122.1　NPDES 项目的目标及术语
122.2　定义
122.3　例外
122.4　禁令
122.5　许可证作用
122.6　许可证延期
122.7　信息保密

B-许可证申请以及特殊 NPDES 项目的要求

122.21　申请书
122.22　申请书的签名要求
122.23　畜禽养殖
122.24　水产品加工
122.25　水产养殖
122.26　暴雨径流排放
122.27　林业
122.28　一般许可证
122.29　新的点源及排放

C-许可证审批条件

122.41　标准情形
122.42　适用于指定类别的标准情形
122.43　许可条件
122.44　许可限制

（a）技术标准
（b）其他标准（非水质）
（c）重新协商的条款
（d）水质标准
（e）优先处理的污染物
（f）通告级别
（g）需 24 小时汇报项目
（h）许可证的有效期
（i）监控
（j）预处理项目
（k）最佳管理实践
（l）反退化
（m）私人处理设施
（n）补贴
（o）污泥
（p）海岸护卫队
（q）航运

122.45　核算限值

（a）排放点　（f）基于质量的限值

（b）生产标准　（g）引入的水体污染物

（c）重金属　（h）内部废水流

（d）持续性排放　（i）排放入井

（e）间断性排放

122.46　许可证的有效期

122.47　履行的时间表

122.48　报告

122.49　其他联邦法案的考虑

122.50　其他

D-许可证的转让、修正、撤销、补发以及终止

122.61　许可证的转让

122.62　许可证的修正、撤销与补发

122.63　许可证的次要修改

122.64　许可证的终止

## 2.2 NPDES 项目术语解释

NPDES 项目中规定，向联邦水体排放污染物的任何点源设施均需要获得 NPDES 许可证。了解以下术语（污染物、点源、联邦水体）的定义和解释是确定 NPDES 项目范围的关键。

### 2.2.1 污染物

NPDES 的规章中对污染物的定义范围很广，包括排放至水中的任何类型的工业、城市、农业的废弃物（见术语表）。为规范管理，NPDES 项目将污染物分为 3 种：常规污染物、有毒污染物以及非常规污染物。按照定义，常规污染物包括 5 种：五日生化需氧量（$BOD_5$）、总悬浮固体（TSS）、粪大肠菌群、pH、油和油脂。有毒污染物或“优先”污染物的定义见《清洁水法》第 307 条（a）（1）款（在 40 CFR 401.15 中也有列出），包括重金属以及人造有机化合物。非常规污染物是指无法归类到上述类别的污染物，包括氨、氮、磷、化学需氧量、污水综合毒性（Whole Effluent Toxicity，WET）等。

### 2.2.2 点源

污染物可通过多种途径进入联邦水体，来源包括农业、家庭和工业（见专栏 2-2）。为便于管理，这些污染源一般被划分为“点源”和“非点源”。典型点源排放一般包括市政污水处理厂（POTW）、工业设施以及城市径流排放。除了 NPDES 项目规定的某些特定农业活动（如规模化畜禽养殖场）外，大多数农业设施被定义为非点源而免受 NPDES 规则管辖。

排入联邦水体的污染物源可分为直接排放源和间接排放源。直接排放源直接排放污水进入受纳水体，间接排放源排放的污水经过城镇污水处理厂处理后再进入受纳水体。在国家计划中，NPDES 许可证只发放给直接排放的点源。工业和商业的非直接排放源则由国家预处理项目进行控制（见 8.3.1 节）。

**专栏 2-2　污染物排放源**

如上所示，NPDES 许可项目主要关注的是市政的和非市政（工业）的直接源排放。而在这些主要的排放源分类里，有很多 NPDES 项目规定的特殊类型的排放。专栏 2-3 罗列了 NPDES 项目的领域和控制不同种类污染物排放的项目区域及适用法规。

市政设施（如市政污水处理厂）接收了居民和商业的主要生活污水。大型的市政污水处理厂也接收和处理来自工业设施的纳管废水（间接排放者）。市政污水处理厂可以处理的污染物种类一般为常规污染物（$BOD_5$、TSS、pH、油和油脂、粪大肠菌群），根据纳管的商业或者工业点源自身特点，也可能包括非常规污染物或有毒污染物。

专栏 2-3　NPDES 项目分类及适用法规

| 来源 | 排放行为 | 所属项目 | 适用法规 |
| --- | --- | --- | --- |
| 市政设施 | 市政污水排放 | NPDES 点源控制项目 | 40 CFR 122<br>40 CFR 125<br>40 CFR 133 |
|  | 间接工业/商业排放 | 预处理项目 | 40 CFR 122<br>40 CFR 403<br>40 CFR 405-499 |
|  | 市政污泥利用及处理 | 城市污水污泥项目 | 40 CFR 122<br>40 CFR 257<br>40 CFR 501<br>40 CFR 503 |
|  | 合流制溢流污水（CSO）排放 | CSO 控制项目 | 40 CFR 122<br>40 CFR 125 |
|  | 暴雨径流排放（城市） | 暴雨项目 | 40 CFR 122<br>40 CFR 125 |
| 工业设施 | 工艺废水排放 | NPDES 点源控制项目 | 40 CFR 122<br>40 CFR 125<br>40 CFR 405-199 |
|  | 非工艺废水排放 | NPDES 点源控制项目 | 40 CFR 122<br>40 CFR 125 |
|  | 暴雨径流排放（工业） | 暴雨项目 | 40 CFR 122<br>40 CFR 125 |

市政污水处理厂使用的典型处理方式包括物理分离和沉淀（如格栅、除沙、初沉），生物处理（如生物滤池、活性污泥）和消毒（如氯化物、紫外线、臭氧）。这些方式会产生处理后的废液以及生物固体（污泥）的残余。另外，有些老式市政污水处理厂是采用合流制排水系统（排水系统设计成可收集生活污水和暴雨雨水的）。专栏 2-3 阐述了 NPDES 项目如何控制城市的各种污染点源和污水排放。

非市政污染源，包括工业和商业的设施，其污染物质是根据其产品和生产工艺而变化的。与市政污染源不同，非市政污染源的原材料、生产流程、处理技术以及工业设施的污染物排放变化多样，这是由工业行业及生产设施特点决定的。然而工业污水处理设施一般是在指定的厂界内处理污水，因此污水收集系统一般没有市政污水处理厂那么复杂。但 NPDES 项目尚未对工业设施产生的剩余污泥处置进行规定。工业设施可能会接纳一些生产制造、原材料及产品贮存等阶段的暴雨径流，也可能会接纳一些非工艺废水（如部分冷却水）。如专栏 2-3 所示，NPDES 项目注明了工业设施中所有潜在的污染源。

### 2.2.3　联邦水体

EPA 规定的联邦水体包括：

❖ 航行水域。

❖ 航行水域的支流。

❖ 州际水域。

- ❖ 州内的湖泊、河流、溪流，包括：①可为旅行者提供娱乐或其他功能的水体；②作为市场上商业买卖的鱼类、贝类等水产品的产地；③可用于工业生产的水体。

如此定义旨在将所有可能的水体纳入宪法框架下的联邦管辖范围，即联邦政府而非州政府的管辖范围。此定义被认为实际上包括了美国所有的地表水体，包括湿地和季节性河流。一般来讲，联邦水体不包括地下水。因此，向地下水排污不在 NPDES 的管辖范围内。但如果向地下水排污的区域与附近地表水体有“水文连接”，主管者将要求排放者申请 NPDES 许可证（注：由于各州都有地下水资源的管辖权限，因此他们可选择去申请地下水排放的 NPDES 许可）。

## 2.3　NPDES 项目分类

如专栏 2-3 指出的，NPDES 项目规定了几种不同类型的市政和工业的排放源。本节简要描述 NPDES 项目如何划分这些领域。

### 2.3.1　市政源的 NPDES 项目分类

NPDES 许可项目重点关注处理后排放限值与排放条件的发展。但是，NPDES 项目也会针对在市政设施中可能出现的排放类型提出其他控制措施。有关这些控制措施的描述及如何将其纳入许可程序将在下文阐释。

#### 2.3.1.1　国家预处理项目

国家预处理项目规定了非住宅（即工业和商业）设施中的废水排入市政污水处理厂（即间接排放）的情况。预处理项目要求纳管的工业和商业排放者在废水排放到市政污水处理厂前要尽可能地“预先处理”其废水，以免干扰市政污水处理厂的运行。联邦项目也要求间接排放者与直接排放者同样达到基于技术要求的排放标准。在 NPDES 许可证授权范围内，预处理项目通常直接由接收间接排放的市政污水处理厂执行。联邦法规在第 40 卷 403 章中特别指出，市政污水处理厂必须有预处理项目，且市政污水处理厂的处理权限和预处理程序需在项目审批之前确定。在市政污水处理厂的 NPDES 许可证中，特别在特殊条件中包括了执行当地预处理项目的内容。特殊情形下预处理的操作讨论见第 8 章。

#### 2.3.1.2　市政污水污泥项目

《清洁水法》第 405 条中要求所有获得 NPDES 许可证的市政污水处理厂和其他生活污水处理厂（Treatment Works Treating Domestic Sewage，TWTDS）均应有条件地利用和处置污泥。因此，市政污水处理厂和其他生活污水处理厂必须为污泥使用和处置提交许可申请。生活污水处理厂的污泥使用和处置包括：污泥焚烧装置、污水处理厂污泥露天处置场所及不向联邦水体进行排放的设施（仅处理污泥的设施如污水处理厂污泥的堆肥设施）。

联邦法规第 40 卷 122 章中有污泥许可的规定。在联邦法规第 40 卷 123 章或 501 章中可以找到对州项目规定的正式授权（取决于州是否打算将污水处理厂污泥的管理纳入 NPDES 项目或其他项目中，如固体废物项目）。管理污水处理厂污泥用途和处置的技术规定见联邦法规第 40 卷 503 章。条件允许的情况下，对污泥的管理要求应作为特殊情形之一，包含在发放给市政污水处理厂的许可证中。特殊情形下对污泥处置要求的讨论见第 8 章。

#### 2.3.1.3 合流制溢流污水

合流制污水系统（Combined Sewer System，CSS）是用于收集生活（也包括商业和工业）污水和暴雨径流的废水收集系统，它通过单一管道连接到市政污水处理厂。截至 1995 年，CSS 能够覆盖美国大约 1 100 个社区的 4 300 万人口。在旱季，CSS 能够收集和输送家庭、商业和工业废水到市政污水处理厂，但在雨季或融雪季节，这些系统就可能超负荷运转。当达到合流制污水系统设计的负荷后，将直接排放一部分未经处理的生活污水和雨水至地表水体中。这些溢流是 CSS 所服务社区主要的污染源，称为合流制溢流污水（Combined Sewer Overflow，CSO）。CSO 常常含有很高浓度的悬浮固体、致病菌、有毒物、漂浮物、营养物及其他污染物，远超水质标准要求。

为控制 CSO，EPA 在 1989 年 8 月 10 日发布了国家 CSO 控制战略（以下简称 1989 年战略）（54 FR 37370）。1989 年战略在控制 CSO 方面取得了一定的进展，但重大公共健康危机和水质影响却仍然存在。为加速完成《清洁水法》（Clean Water Act，CWA）和落实 1989 年战略，EPA 与 CSO 的利益相关者合作（如关注合流制污水系统的公众、州水质管理部门和环保团体），在 1994 年 4 月 19 日制定和发布了 CSO 控制政策（59 FR 18688）。该方针在制定与发放全国统一的 CSO 相关 NPDES 许可证方面达成了共识。针对 NPDES 持证者，州水质标准管理部门和 NPDES 许可证及执法部门就 CSO 政策发表如下声明：

- ❖ 持证者应立即执行九项基本控制措施（Nine Minimum Controls，NMC）以减少 CSO 及其对受纳水体水质影响。该方法是基于技术的控制或措施，需尽早实行且不得晚于 1997 年 1 月 1 日。
- ❖ 持证者必须优先考虑环境敏感区域。
- ❖ 持证者必须制订控制 CSO 的长期控制计划（Long-Term Control Plan，LTCP），可使用两种可行方式之一：①实证法，证明其计划能够达到 CWA 基于水质的要求；②假设法，执行一个假定能够达到 CWA 水质基准要求的最低处理方式（如至少能够达到 85%的混合废水处理率），以数据证明。
- ❖ 在合流制溢流污水长期规划中，水质标准管理部门应在适当的情况下评估和校正州水质标准。
- ❖ NPDES 许可证管理部门在制定 CSO 控制计划时需要充分考虑经济可行性。

CSO 政策建议 NPDES 许可证管理机构采用阶段性方法控制 CSO。第一阶段许可证应要求持证者在接到 NPDES 许可证管理机构通知的两年内执行九项基本控制措施并制订长期控制计划。第二阶段许可证应要求对九项基本控制措施和长期控制计划持续执行。

许可证编写者在发放包含控制 CSO 条款的许可证之前，应参考 CSO 控制政策并结合相关的指导材料。设立控制 CSO 许可条件的相关内容见第 8 章。

#### 2.3.1.4 暴雨项目（市政）

EPA 将大都市区域的暴雨径流视为联邦水体的重要污染源。虽然降雨和下雪均属自然事件，但是径流的属性及其对受纳水体的影响主要取决于人类活动及土地利用方式。受人类活动影响（如大都市地区等）的地面径流通过两种途径影响地表水资源：①改变自然径流；②提高污染浓度和负荷。

为控制这些排放，CWA 在 1987 年的修正案中增加了 402 条（p）款用以指导 EPA 制定关于暴雨排放的 NPDES 阶段性要求。《清洁水法》第 402 条（p）（2）款中认定暴雨项目第一阶段的排放，包括能够控制服务 10 万以上人口的城市分流制雨水系统（MS4）的排放。第 402 条（p）（3）款中提出了 MS4 许可证的标准。这些暴雨排放许可证与其他传统源（市政污水处理厂和非市政源）有显著差异。一般来说，国会对 MS4 排放许可的规定如下：

- ❖ 可以按管辖区域发放；
- ❖ 应有效禁止非暴雨径流排放到 MS4；
- ❖ 应要求最大可行性范围（Maximum Extent Practicable，MEP）内减少污染物排放。

作为回应，EPA 于 1990 年 11 月 16 日发布了城市分流制雨水系统（MS4）的雨水排放规范（55 FR 47990）。该规范将 MS4 定义为“由州或地方政府拥有或运行的，设计用来收集和运输雨水的运送设施（系统）”。在暴雨项目的第一阶段，只有服务于 10 万以上人口的 MS4 才需要申请 NPDES 许可证。不同于向单独的市政污水处理厂制定和发放的许可证，管理部门是基于 MS4 的暴雨收集和处理系统的管辖范围来发放许可证的（如城镇或城市的公共事务部门）。第 8 章讨论了为 MS4 建立暴雨排放的 NPDES 许可证的有关事项。

### 2.3.2　工业源的 NPDES 项目分类

除制定废水排放标准和确定直接排放源的工艺废水或非工艺废水的排放条件外，NPDES 许可证也包括对控制来自工业源的暴雨径流的规定。下文将讨论该项目涉及的范围及将其纳入许可程序的过程。

暴雨项目（工业）的相关内容如下：

所有工业活动相关的暴雨径流排放，不管是通过城市分流制雨水系统排放还是直接排放到联邦水体，均需持有 NPDES 许可证，包括那些人口小于 10 万的城市的 MS4，但排放暴雨径流至生活污水排水系统或市政污水处理厂的除外。正如上文 2.3.1 节对暴雨项目（市政）的讨论，EPA 在 1990 年 11 月 16 日发布了某些工业行业暴雨排放的许可申请要求（55 FR 48065）。

与工业行为相关的暴雨径流排放定义为收集、运输工业厂区的径流并排放的行为，暴雨径流的收集与在工业厂区内的制造、加工或原材料的存储直接相关。1990 年 11 月 16 日发布的联邦法规第 40 卷 122 章 26 节中的 NPDES 许可证规范（55 FR 48065）认定以下 11 种工业须申请 NPDES 暴雨排放许可证：

- ❖ 根据联邦法规第 40 卷第 N 部分的要求，受到暴雨排放限值指南（Effluent Limitation Guidelines，ELG）、新建污染源排放标准（New Source Performance Standards，NSPS）或有毒污染物排放标准制约的企业；
- ❖ 某些大型制造业企业（伐木、造纸、化工、石油精炼、制革、采石、黏土、玻璃、混凝土、造船）；
- ❖ 生产或暂时停产的矿产开采业以及石油和天然气开采业；
- ❖ 危险废物处理、堆存、处置设施，包括《资源保持和恢复法》（RCRA）的 C 部分中的设施；

- ❖ 垃圾填埋场、垃圾露天堆放点以及RCRA的D部分中的设施；
- ❖ 回收企业，包括金属废品堆放场、电池回收公司、打捞场和废旧汽车堆放场；
- ❖ 蒸汽发电设施，包括煤炭装卸场地；
- ❖ 交通设施，设有机动车保养设施、设备清洁设施或机场除冰设施的场所；
- ❖ 主要的市政污水处理厂污泥处置设施，包括对污水污泥的就地处理；
- ❖ 影响5英亩[①]以上范围的建筑活动；
- ❖ 轻工制造企业。

联邦法规第40卷122章26节的（b）（14）（1）-（xi）条款中列出的联邦、州和市政所有或使用的工业设施也要进行申请许可（注意，1991年《运输法》规定某些市政所有或使用的设施除外）。EPA在1992年4月1日（57 FR 11394）和1992年12月18日（57 FR 60444）发布了NPDES暴雨径流规范的最终版。在某种程度上，1992年4月2日发布的规则是为了将1991年《运输法》编撰成册。美国自然资源保护委员会（NRDC）和EPA制定了1992年12月18日的法律，以回应联邦第九届巡回法庭给予的授权（1992年6月4日）。详情如下：

- ❖ 1992年《运输法》——1992年《运输法》规定免除特定工业行为或10万人口以下的市政设施第一阶段暴雨径流的许可证要求（注：10万的人口限值与MS4的服务人口无关）。这些城市仅需为机场、发电厂以及他们拥有或运行的未经控制的卫生填埋场等市政设施申请暴雨排放许可证。
- ❖ 第九届巡回法庭给予的授权——联邦第九届巡回法庭认为NRDC和EPA的提案（1992年6月4日）中，对“工业暴雨排放”的定义需要重新调整，其中下述两项应予以豁免：

  ①影响范围在5英亩范围以内的施工场地应予以豁免（第x类）；②生产原材料及生产过程与暴雨隔离的轻工业应予以豁免（第xi类）。根据这两条豁免法令，EPA打算就影响范围在5英亩以下的施工场地和生产原材料及生产过程与暴雨隔离的轻工业设施制定进一步的规章。根据法庭命令，EPA在完成进一步的规章制定工作之前，不应要求这两类设施申请许可证。

总的来说，工业源的暴雨径流排放是由联邦或州发放一般许可证（见第3.1节许可证类型的内容）来进行规范的。但是在某些情况下，暴雨径流可被纳入一个综合的个体NPDES许可证中，有时也会被纳入特殊的暴雨径流个体NPDES许可证中。第8章将讨论许可证条件如何解决工业设施的暴雨径流问题。更多关于NPDES暴雨项目范围的信息，详见联邦法规第40卷122章26节中的EPA的暴雨规范及暴雨项目综述（USEPA，1996，EPA 833-R-96-008，水办公室）。

---

① 译者注：5英亩约为0.02公里$^2$。

# 第 3 章　NPDES 许可程序概述

本章综述国家污染物排放削减体系（National Pollutant Discharge Elimination System，NPDES）许可证的类型、许可内容、许可证发展和颁发程序，以及联邦和州政府的任务和责任。本章的目的是对许可证编写者简要概述 NPDES 许可证的要素和编写许可证的过程。此过程将通过流程图来介绍，流程图中对应的各项任务将在接下来的各章节中详细介绍。

## 3.1　许可证类型

许可证是特许某设施在特定条件下排放特定数量的污染物进入受纳水体的执照，但许可证也对设施生产的过程、焚烧废物、垃圾、污泥利用等进行核准。NPDES 许可证的两种基本类型是个体许可证和一般许可证。

个体许可证是特别为个体设施量身定做的。许可证授权机构根据设施提交申请的相关信息制定相关许可证（如工业活动的种类、排放种类、受纳水体水质）。发给排污设施的许可证有特定的时限（不超过 5 年），需在有效期前再次提交申请。

一般许可证是由许可证授权机构制定的，并颁发给特定范围内多种设施的许可证。能满足大多数设施需求的一般许可证可以令州环保局的工作更有效更经济。根据联邦法规第 40 卷 122 章 28 节，一般许可证颁发给有以下共同要素的点源：

- 产生暴雨径流的点源；
- 生产工艺相同或者类似的设施；
- 排放同种污染物或使用同种污水处理工艺、污泥处置方式的设施；
- 污水、污泥处理处置要求的排放限值、处理工艺或实施标准相同的设施；
- 有相同检测要求（如相同型号或季节性生产）且差异较小的同类设施；
- 其他更适用于使用一般许可证来规范的设施。

但一般许可证可能只颁发给下述特定地理区域的排放源：

- 指定的规划区域；
- 排水系统覆盖区域；
- 城市、郡或州的边缘；
- 州高速公路系统；
- 标准的大都市区域；
- 城镇区域。

一般许可证使许可证授权机构能够更有效地分配资源，由于颁发更及时，覆盖范围可以更广。例如，大量具有共同要素的设施可以在同一个一般许可证之下得到管理，而不需花费更多的时间和资金来给每个单独设施颁发个体许可证。另外，使用一般许可证可确保相似设施的许可条件保持一致。

## 3.2 许可证内容

所有的许可证至少包括以下 5 部分的内容：

❖ 首页——一般包括许可证持证者的名称和位置、允许排放情况、授权的排污口位置清单。

❖ 排放限值——是控制污染物排放到受纳水体的主要手段。许可证编写者的主要时间要花费在根据相应的技术和水质标准制定适当的排放标准上。

❖ 监测和报告的要求——用以描述废水和受纳水体，评价废水处理效率和测定对许可证要求的执行情况。

❖ 特定情形——补充制定排放限值指南。例如，最佳管理实践（BMP）、额外监测、场地径流调查、毒性削减评估（Toxic Reduction Evaluation，TRE）等。

❖ 标准情形——预先建立适用于所有 NPDES 许可证的情况并阐述法律、管理和行政方面的需求。

尽管所有的许可证都由以上 5 部分组成，但某些具体内容取决于许可证颁发对象是市政设施还是工业设施，是一个单独设施还是多个排放设施的集合。专栏 3-1 描述了许可证的内容并重点说明了工业许可证和市政许可证之间内容上的差别。

专栏 3-1 NPDES 许可证内容

| 工业许可证的内容 | 所有 NPDES 许可证的内容 | 市政许可证的内容 |
| --- | --- | --- |
| | 首页 | |
| 基于技术的：<br>• 废水处理指南<br>• 最佳专业判定（BPJ） | 排放限值<br>• 基于技术<br>• 基于水质 | 基于技术的：<br>• 二级处理<br>• 等同于二级处理的技术 |
| | 监测和报告的要求 | |
| 其他要求：<br>• 最佳管理实践（BMP） | 特定情形<br>• 执行时间表<br>• 暴雨<br>• 特别研究、评估及其他要求 | 其他要求：<br>• 预处理<br>• 合流制下水道溢流<br>• 市政排水污泥 |
| | 标准情形 | |

## 3.3 编制/颁发个体许可证的程序

尽管每个个体 NPDES 许可证的限值和条件是不同的，但制定限值和条件、颁发许可证的过程都是遵守一系列相同的步骤。专栏 3-2 描述了建立和颁发个体 NPDES 许可证的主要步骤，也可作为本指南以后各章的索引。

专栏 3-2　建立和颁发个体许可证的主要步骤

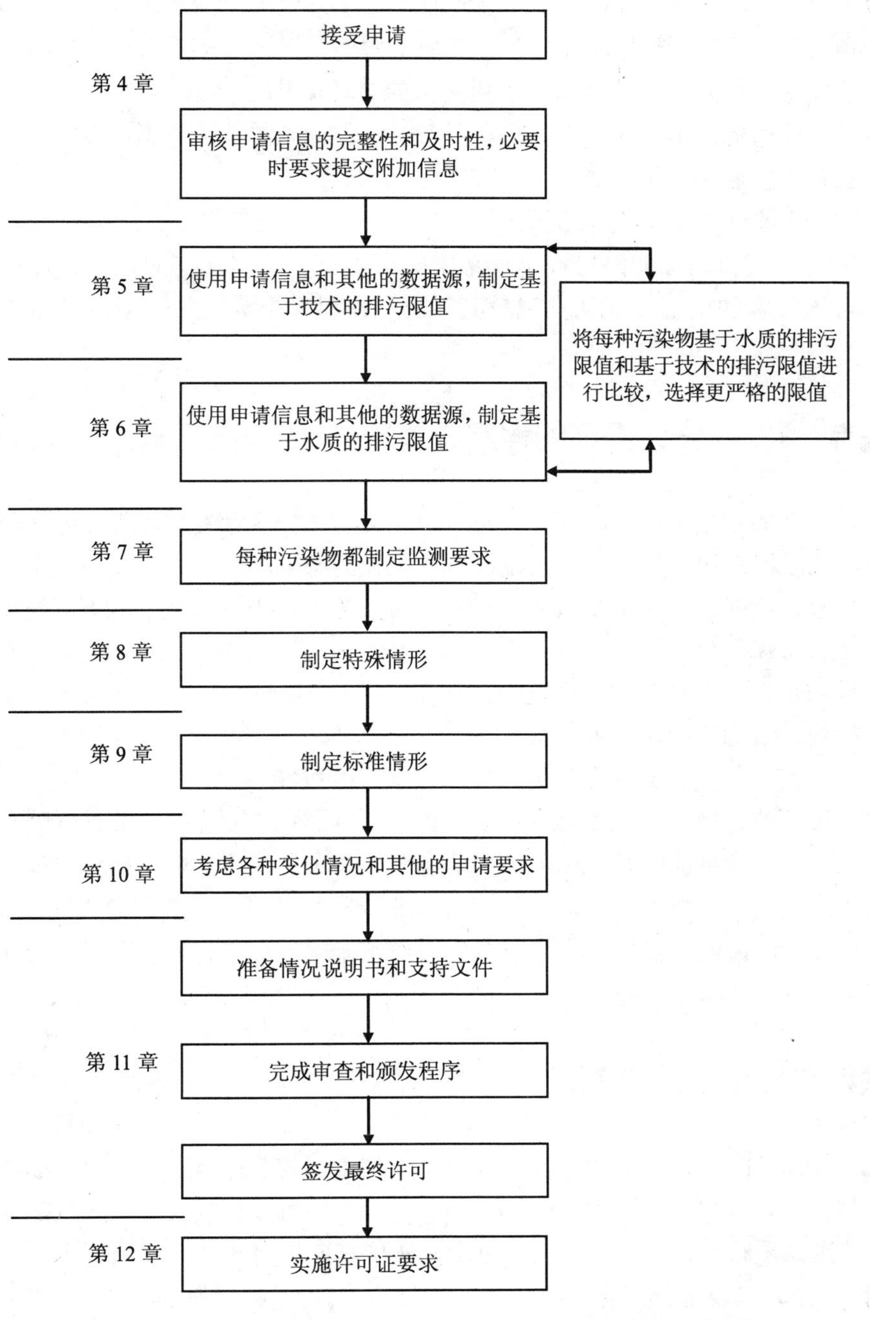


许可证申请程序的第一步是由企业或设施提交许可证申请。收到申请后，许可证编写者要全面、准确地评估申请者情况。当申请被审核通过后，许可证编写者便要开始起草许可证文本，并基于申请数据对许可条件（指基于实际情况或陈述）进行判断。

制定许可证的程序中，首先最主要的步骤是确定基于技术的排放限值。其次，许可证编写者要确定能够达到州水质标准的排放限值，即基于水质的排放限值（Water Quality-Based Effluent Limit，WQBEL）。然后，许可证编写者应对比以上两个排放限值，在 NPDES 许可证中采用更严格的限值。排放限值的确定过程要记录在许可证档案中。也有可能在同一份许可证中一部分指标选择基于技术的排放限值，而另一些指标选择基于水质的排放限值。例如，一个许可证中可能有基于国家排放限值指南（基于技术）的TSS限值和基于预防水生生物毒性（基于水质）的氨的限值，以及一年中某些季节基于排放限值指南（基于技术）而其他季节则基于水质要求的$BOD_5$限值。

随着排放限值的发展，许可证编写者要针对具体设施的特殊情形以及许可证的一般标准情形建立相应的监测和报告条件。

最后，为公众参与许可过程提供机会。必须向公众发布许可证听证会的公告，使得对此感兴趣的个人和团体能够对许可证草案提交建议。基于这些建议，许可证授权机构要提出许可证文本的定稿，并认真记录其过程和决议并形成文件，最终给申请者颁发许可证。

## 3.4 编制/颁发一般许可证的程序

一般许可证的制定和颁发程序与个体许可证类似，但也存在些差异。在一般许可证的颁发过程中，授权机构首先要鉴定颁发一般许可证的必要性，收集一类或一组已有授权许可的相似排放者数据。在决定是否制定一般许可证的过程中，授权机构要注意以下事项：

- 是否覆盖了足量的设施？
- 设施是否均有相似的生产过程或行为？
- 设施是否均产生相似的污染物？
- 是否仅有少量设施存在对水质标准的损害的可能性？

一般许可证的其余步骤与个体许可证相同。许可证草案制定后，要进行公众听证会听取公众意见，颁发许可证时要将相关机构信息记录在案，最后才能颁发许可证。一般许可证制定后，希望纳入一般许可证规定范围的企业通常可以提交一个意向通知（NOI）给许可证授权机构。许可证授权机构会要求企业对设施排放情况进行描述，然后告知企业可获得一般许可证，或要求企业申请个体许可证。

## 3.5 联邦与州授权机构的职责

美国环保局（Environment Protection Agency，EPA）在《清洁水法》（Clean Water Act，CWA）的授权下，直接执行NPDES项目。但是EPA也可以授权州、地区或部落来执行全部或部分的国家项目。州、地区或部落可全权实施基础项目（如工业源或市政源颁发个体NPDES许可证）以及部分国家项目，如联邦设施、国家预处理项目、一般许可证、城市污泥项目等。如果这个州只有部分授权（如仅授权基础的NPDES许可证项目），EPA会实施其他项目（如预处理项目、联邦设施、城市污泥项目）。例如，当某个州需要执行NPDES许可证项目但没有实施州污泥管理项目权限时，EPA地方办公室则有责任在许可证中纳入污泥使用或处置的503标准条款。EPA可以颁发一个适用污泥标准和要求的个体许可证，或与州商议共同颁发包括503标准条款在内的NPDES许可证。当州没有预处理项目或联邦设施的许可权限时也可以采用相同的程序。此程序的一个例外就是若被授权进行NPDES项目的州、地区或部落不允许颁发一般许可证时，EPA不能在此州、地区或部落颁发一般许可证。

一般来说，当 EPA 授权州、地区或部落颁发许可证时，EPA 本身是被禁止指导这些活动的。但是 EPA 有权评估每个州、地区或部落颁发的许可证，并针对与联邦要求相冲突的内容提出反对意见。如果州、地区或部落的许可证机构对这些反对意见不予处理，EPA 将越过这些机构直接颁发该许可证。一旦由任何政府机构颁发了许可证，州、地区和联邦机构（包括 EPA）便应合法实施和强制执行此许可证，甚至公民个人也可以通过联邦法庭提出此要求。

# 第 4 章　许可证申请程序

本章介绍许可证的申请程序，包括许可证编写者的任务：审查申请内容及评估申请者基本信息。通过该过程，许可证编写者能够了解纳污环境情况和废水排放特征，从而为制定适当的排放许可限值和条件提供信息。

## 4.1　许可证申请表

当确定某企业需要个体许可证时，该企业应提交许可申请。申请表格及其他要求需具体指出排污设施的种类和排污类型。国家污染物排放削减体系（National Pollutant Discharge Elimination System，NPDES）许可证申请规则见联邦法规第 40 卷 122 章子章节 B。大多数申请要求包含在美国环保局（Environment Protection Agency，EPA）制定的表单中。专栏 4-1 概述了需要向 NPDES 提交申请表的排放类型、需提交的表格、NPDES 引用的法规的相关文献。应当指出的是，部分经授权的州不需要填写 EPA 申请表，但替代的其他资料必须包含联邦法规第 40 卷 122 章子章节 B 中要求的信息。若许可证延期，则必须提交申请表；若许可证有效期内排污设施未发生重大改变，则不需要另外提交更新声明文件。

专栏 4-1　NPDES 排放者申请表

| 设施种类 | 情况 | 表格 | 引用的法规<br>（40 CFR 122） |
|---|---|---|---|
| 所有 NPDES 申请者（除 MS4 以外） | 新建和现有 | 表 1 | 122.21（f） |
| 市政设施 | 新建和现有 | 表 A | 122.21（j） |
| • 主要市政污水处理厂[日流量超过 3 780 m³（百万加仑），或服务人口超过 1 万人，或接纳工业生产废水的设施]<br>• 小型市政污水处理厂 | 新建和现有 | 简表 A | 122.21（j） |
| 工业设施 | 新建 | 表 2D | 122.21（f）和（k） |
| • 生产设施 | 现有 | 表 2C | 122.21（f）和（g） |
| • 商业设施<br>• 采矿设施<br>• 林业设施<br>• 水处理设施 | 非生产过程废水 | 表 2E | 122.21（f）和（h） |
| 集中式畜禽养殖场<br>• 动物养殖场<br>• 繁殖场 | 新建和现有 | 表 2B | 122.21（f）和（i） |
| 与工业行为相关的暴雨排放 | 新建和现有 | 表 2F | 122.26（c） |
| 为＞10 万人口服务的 MS4 的排放 | 新建和现有 | 无 | 122.26（d） |

表1为需提交的基本信息：

除城市分流制雨水系统（MS4）申请市政暴雨排放许可证之外，申请个体许可证的所有设施必须提交表1。表1要求填写设施的基本资料，包括：

- ❖ 姓名、通讯地址、联系方式和所处位置；
- ❖ 行业分类标准（SIC）代码、营业性质的简要说明；
- ❖ 显示现有或拟建的排污设施进出口位置的地形图。

### 4.1.1　市政设施许可证申请要求（表A和简表A）

所有新建和原有的污水处理厂必须提交表A或简表A，简表A用于较小规模的市政污水处理厂。设计处理规模大于或等于3 780 $m^3$/d的、被批准进行预处理项目的或被要求制定预处理项目的市政污水处理厂需提交表A。表A需要提交以下类型的信息：

- ❖ 姓名、通讯地址、授权代理人、设施位置；
- ❖ 收集系统类型、服务范围、服务总人口数；
- ❖ 进水情况说明，其中包括进厂的主要纳管企业的情况；
- ❖ 说明处理工艺和水厂设计、工程项目进展时间表、排污口数量、污染物排放总量以及受纳水体名称。

表A对进水与出水的特殊污染物没有检测要求，但要求必须填写以下指标的有效数据：流量、pH、温度、粪大肠菌群、$BOD_5$、COD或总有机碳（TOC）、总余氯、总固体、总溶解固体、沉淀质、氨氮、凯氏氮、硝酸盐氮、亚硝酸盐氮、磷和溶解氧。市政府申请规章要求，对设计日处理水量大于等于3 780 $m^3$或有预处理计划的市政污水处理厂，需提交污水综合毒性的监测结果[40 CFR 122.21（j）（1）]。此外，授权进行预处理项目的市政污水处理厂还需要提交一份书面的技术评估报告供修正污水处理厂限制[联邦法规第40卷122章21节（j）（4）款]。

设计规模小于3 780 $m^3$/d的以及不需要制定可行性预处理计划的市政污水处理厂，通常都填写简表A。简表A只需要填写姓名、通讯地址、设施位置以及对设施所有重大变化的说明等简单信息。

> **规则更新：**
>
> 1995年12月6日，EPA提议对市政申请及附带的申请表要求进行修正（60 FR 625451）。修正提议中以新的表2A替代了表1、表A、简表A以供所有的市政排放使用。表2A分为5个独立章节，必须根据市政排放源的特征独立完成。在同一份提案中，EPA提出采用表2S以获得例如用量、特征以及污泥使用或处理处置等市政污水污泥方面的信息。表2S将替代当前使用的临时性污泥使用和处理申请要求。

### 4.1.2　非市政设施许可证申请要求

除表1中要求的基本信息以外，非市政排放者申请个体许可证时需要额外提交设施的详细资料。所需表单类型取决于许可申请设施的排污行为。每个表格及其所适用的排污行为简要介绍如下。

#### 4.1.2.1 表 2B-新建和原有的畜禽养殖场和水产品加工设施

新建或者原有畜禽养殖场和水产品养殖的企业必须提交申请表 2B。表 2B 对该类型许可证申请表的信息需求包括：

- 畜禽养殖场：
  ——散养和圈养的动物种类和数量；
  ——用于圈养的土地规模；
  ——饲料投加量最高的月份及当月总投加量。
- 水产品养殖场：
  ——每个排污口月平均排放量和每日最大排放量；
  ——池塘、水沟等类似构筑物的数量；
  ——每种水产品年平均产量及最高收获量。

#### 4.1.2.2 表 2C-现有制造业、商业、采矿业和林业污染源

现有（即目前被许可的）制造业、商业、采矿业和林业的排污口必须提交申请表 2C。表 2C 所需要的信息类型包括：

- 排污口位置；
- 水流特性；
- 污染物来源；
- 进水和出水特征；
- 预期存在的污染物；
- 处理技术；
- 产品信息（如可获得）。

现有工业源排放量的变化，取决于该厂排污口的排放特征以及预期排污的类型。

#### 4.1.2.3 表 2D-新建制造业、商业、采矿业和林业污染源

新建制造业、商业、采矿业和林业排放者必须提交申请表 2D。“新建排放者”是指那些以前没有获得排污许可证的以及还未开始运行的。表 2D 中所需要的信息类型包括：

- 预期排污口位置；
- 预期初始排放日期；
- 预期排放污水特性；
- 污染物来源；
- 处理技术；
- 产品信息（如可获得）；
- 预期进水和排水特性。

#### 4.1.2.4 表 2E-只排放非生产过程污水的制造业、商业、采矿和林业企业

工厂申请不受废水处理指南和新建污染源执行标准限制的制造业、商业、采矿和林业个体 NPDES 许可证时，必须提交申请表 2E。“非生产性废水”包括公共厕所废水、餐厅

或食堂废水和非接触式冷却水，但不包括暴雨径流。暴雨径流是被“非生产性废水”的定义明确排除在外的。表 2E 所需的资料类型包括：

❖ 排污口位置；
❖ 排污类型；
❖ 污水特性，包括定量数据和选择指标；
❖ 流动特性；
❖ 处理技术。

#### 4.1.2.5　表 2F-与工业行为相关的暴雨径流排放

管理者申请与工业行为相关的排放暴雨径流的个体排污许可证必须提交申请表 2F。表 2F 所需的信息类型包括：

❖ 地形图和对不透水地面的估算；
❖ 材料管理办法和控制措施说明；
❖ 已经被评估为非暴雨径流排污口的证明；
❖ 对曾经发生的泄漏或者溢出事件的描述；
❖ 每个排污口的一些指定指标的分析数据。

#### 4.1.2.6　服务 10 万以上人口 MS4 的暴雨径流

1990 年暴雨径流排放申请条例（55FR 48062）指出大型或中型城市分流制雨水系统（MS4）的管理者需提交两部分申请。对于第 1 部分申请信息，大型 MS4（服务人口大于 25 万）要求在 1991 年 11 月 18 日前提交，中型 MS4（服务人口大于 10 万、小于或等于 25 万）需于 1992 年 5 月 18 日前提交。对于第 2 部分申请信息，大型 MS4 和中型 MS4 分别需要在 1992 年 11 月 16 日和 1993 年 5 月 17 日提交。以下总结了每一部分申请的关键要求。

第 1 部分申请表必须包括：

❖ 基本信息（如姓名、通讯地址等）；
❖ 现行法律及任何其他权力机构的要求；
❖ 污染源识别信息；
❖ 排污特征，包括旱季径流监测结果；
❖ 确定 5～10 个有代表性的排水口以收集雨水样本；
❖ 现有暴雨径流管理措施的说明；
❖ 可以用于完成第 2 部分申请的资金与预算的说明。

第 2 部分申请表必须包括：

❖ 充足的法律授权证明；
❖ 识别每个主要暴雨径流排污口；
❖ 3 个具有代表性的暴雨事件采样中获得的排放特征数据；
❖ 提议的暴雨径流管理项目；
❖ 管理方面的评估，包括污染物负荷削减目标；
❖ 财务分析，包括为实现许可证要求每年所必要的资本、运营和维护开支。

根据许可证的规定，持证者须在现有许可证过期之前重新申请一个新的许可证。但是，在针对 MS4 申请的暴雨径流排放许可证的案例中，第 1 部分申请和第 2 部分申请需求仅为首次发放的 MS4 许可证而设定，再申请的具体要求在许可证规定中尚未界定。1996 年 5 月 17 日 EPA 提出了 MS4 再申请许可证的简化方案，允许当局根据第 4 份年度报告提出的修改建议提交许可证再申请文件。还鼓励改变监测计划，使其适用于暴雨管理决策。利用该政策，EPA 允许当局以资源的环境效益最大化为目标，进一步推动市政暴雨径流管理。

### 4.1.3 NPDES 一般许可证的申请要求

正如先前所讨论的，一般许可证（见联邦法规第 40 卷 122 章 28 节）是为暴雨排放或在特定地理、行政区域里的特定类别的排污者设立的。使用一般许可证可以简化程序。然而，同个体许可证不同，如果某一类一般许可证已经涵盖了某家企业的各种行为，那么该企业仅能申请这类一般许可证。此外，许可证签发部门可决定不适用一般许可证的个别企业，并可以要求该企业申请个体许可证。此外，其他有资格持有一般许可证的企业也可选择申请个体许可证。

基本所有申请一般许可证的企业都必须提交在许可范围内的申请意向书（NOI）。意向书的内容和其他额外所需的信息必须在一般许可证、情况介绍或说明书中作出详细说明，至少必须要包括以下内容：

- ❖ 业主或者运营商的姓名和通讯地址；
- ❖ 企业名称和地址；
- ❖ 设施或排污口类型；
- ❖ 受纳水体。

## 4.2 许可证的申请日期

联邦法规第 40 卷 122 章 21 节要求，新的排污口必须至少在实际发生排污的 180 天前提出申请。重新申请许可证（如原有排污口），必须在现有许可证到期的 180 天前提出申请。各州政府的时间期限可能略有不同，但一般要严于联邦政府的要求。此外，国家或地方主管人员可能会允许个人申请者提交申请日期略迟于这个时间要求，但不得迟于现有许可证有效期到期之日。

应当指出的是，根据联邦法规第 40 卷 122 章 6 节，只要许可证续期申请已经按时完成提交，在新的许可证下发之前过期的排污许可证仍然有效（见联邦法规第 40 卷 122 章 21 节）。但若州法律不承认过期许可证的有效性，或者因企业没有及时完成许可证续期申请，那么在许可证到期之日至新的许可证生效之前的时间内，州政府认定该企业为无证排放。

## 4.3 申请表的审查

个体 NPDES 许可证的内容是基于申请表中所包含的各部分信息。因此，申请信息必须完整、准确，这样许可证编写者才能够编写合适的许可证。专栏 4-2 描述了许可证申请表审查的一般程序。

专栏 4-2　许可证申请表审核

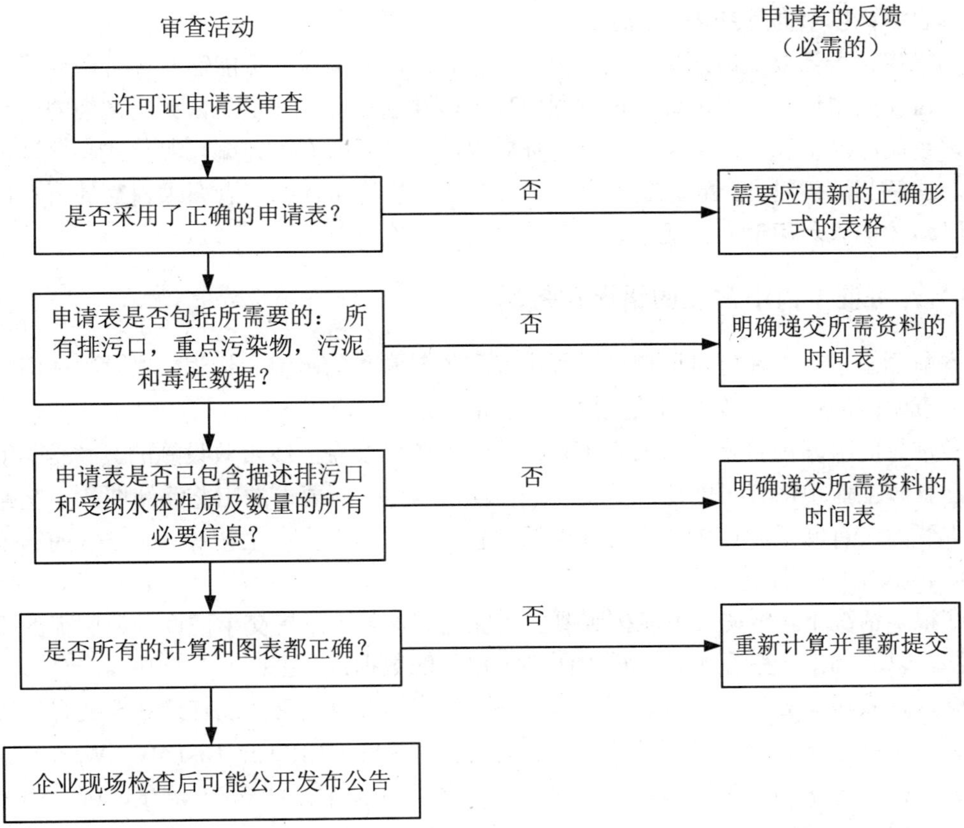

审查活动 | 申请者的反馈（必需的）

许可证申请表审查
↓
是否采用了正确的申请表？ —否→ 需要应用新的正确形式的表格
↓
申请表是否包括所需要的：所有排污口，重点污染物，污泥和毒性数据？ —否→ 明确递交所需资料的时间表
↓
申请表是否已包含描述排污口和受纳水体性质及数量的所有必要信息？ —否→ 明确递交所需资料的时间表
↓
是否所有的计算和图表都正确？ —否→ 重新计算并重新提交
↓
企业现场检查后可能公开发布公告

申请表初审后，许可证编写者可要求申请人提交其他相关信息，以确定是否能够颁发许可证。所需要的信息可能包括：

- 附加信息、量化数据或重新计算的数据；
- 提交一份新的表格（如果申请者采用的表格形式不当）；
- 重新提交申请（如最初提交的信息不完整或已经过时）。

因此，在许可证编写者获得完整和准确的许可证申请信息之前，可能需要相当多数量的信件往来。

### 4.3.1　填写完整的申请表

联邦法规第 40 卷 122 章 21 节（e）款声明，主管人员“在收到完整的申请表之前不得颁发许可证……”，至少要求申请表所有信息都填满，不得有空项。州的申请表说明中规定所有项目必须填写完成，对不适用的项目必须填写“不适用”（NA）以示表格中的所有项目均被申请人认真考虑过。在下述几种情况时表中可能出现空项：

- 因疏忽而遗漏的项目；
- 申请人难以确定正确答案时，为避免提供误导或不正确的信息，在表格中留下了空项。

主管人员必须通过信件（有时通过电话）与某企业的许可证申请人取得联系，以获取关于空白项的说明。由于在申请过程中必须保有行政记录（见第 11 章），且许可证在颁发时有可能面对法律质疑，因此建议只对较小和较为简单的项目通过电话处理，即便如此这些项目也应该以书面形式进行记录。

如果申请表需要更改或更正的地方比较多，许可证编写者可能需要许可证申请人重新提交一份新的申请表。许可证处理过程中也可能要求更多补充信息，如更详细的产品信息或处理系统的维护和运行数据等。补充资料也可在日后即许可证编写者正式起草许可证时提交。据联邦法规第 40 卷 122 章 21 节（e）款，当许可证编写者要求提交的所有信息都满足时，才标志着申请表完成了。

### 4.3.2 许可证申请中常见的错误和疏漏

本节列出了一些在许可证申请过程中发现的最常见的疏漏和错误。也通过举例的方式给出了查明疏漏信息和核查相关数据准确性的方法。

最常见的疏漏项目是申请表表 1 附件的地形图以及企业或市政设施的具体信息。举例来说，有时工业申请者可能遗忘提交表 2C 第 II-A 部分所要求的工艺路线图。工艺路线图是很重要的，有助于确认申请人所提供的位置、排放口和生产工艺等（表 2C 的第 I 部分以及第Ⅱ-B 部分）描述信息的准确性。

在很多情况下，申请人不能按照要求正确提交甚至无法提交申请许可证所需的排水特征数据。以下列出一些在申请过程中所必须提交的数据：

- ❖ 市政污水处理厂日设计流量大于 3 780 $m^3$（百万加仑）或有预处理装置的市政污水处理厂必须提交有效的污水综合毒性（Whole Effluent Toxicity，WET）测试数据。如果即将到期的许可证中已经包含了污水特征的 WET 测试，则可满足该要求，不需重做 WET 测试。许可证编写者应在许可证情况说明书中指出这一点。
- ❖ 市政污水处理厂和生活污水处理厂（TWTDS）必须提交所有的污泥监测数据、污泥利用及处理处置过程说明、污泥年产量数据等。对于申请土地利用的，还需提供场地的适用性信息和场地现场管理相关说明。申请中所有未确定的场地都必须提交土地利用计划。
- ❖ 每一个非市政污水处理厂的申请者必须提交若干指标的监测数据，包括：$BOD_5$、COD、TOC、TSS、氨氮、温度（冬季和夏季）和 pH 值。
- ❖ 对来自“主要工业行业类别”的非市政排水，在有毒污染物方面有一些强制性检验要求（见 40 CFR122.21 附录 D 中的表Ⅰ和表Ⅱ；在申请表 2C 中也有列出）。主要工业行业类别在联邦法规第 40 卷 122 章的附录 A 中有详述。主要工业行业类别中的小型企业[见 40 CFR122.21（g）（8）]可以免除这些检验要求。如果确信现有企业排放的废水中可能含有某种污染物，则必须对这些企业的这些污染物进行检测（见 40 CFR122.21 附录 D 中的表Ⅳ和表Ⅴ）。
- ❖ 若该企业受到基于产量或污水流量的排放指南的制约，须提交产量和污水流量数据用以计算排放限值（数据的计量单位需与排放限值指南中的统一）。
- ❖ 所需污染物和指标的样本类型必须适合指标分析需求（40 CFR 136；见本指南 7.1.3 节和 7.1.4 节）。举例来说，只有随机样品可用于 pH 值、温度、氰化物、总酚、挥发性有机物、余氯、油脂、粪大肠菌群以及粪链球菌群的检测分析。

以下文本框给出了许可证编写者必须获取的数据类型范例，只有获取了这些数据，申请表才算填写完整。

要求的重金属数据是否已列出？

**示例：**

某初级的毛毡品生产企业认为排放的废水中不含铊和铍这两种元素。

**讨论：**

尽管铊和铍这两种重金属在毛毡品生产企业排放的废水中并不预期存在，但申请表填写指南中的2C-3以及NPDES条例中的40 CFR 9122.21（g）（7）（ii）（B）均要求对这些金属进行检测。有时候由于工厂内部管理不善或者生产工艺特殊，可能会产生预期外的重金属废水排放。

适用于多种工业类型的全面检测要求，是为了确定废水中是否存在大剂量的预期外污染物，同时也能够确定已知污染物的污染水平。在以上的示例中，对要求的额外信息因“认为不存在”而不填写是错误的，认定申请表是不完整的。

有毒有机污染物[气相色谱仪/质谱仪（GC/MS）分析结果]是否已列出？

**示例：**

某塑料加工企业的申请表中没有列出任何GC/MS分析结果。

**讨论：**

塑料加工企业被要求对GC/MS挥发组分进行检测（申请表填写指南中的2C-2和NPDES条例中的40 CFR122.21（g）（7）（ii）（A））。

所有预期污染物是否已列出？

**示例：**

某合成板材生产企业不能表明在其废水中存在锌元素。

**讨论：**

需要对锌元素进行检测。在生产木材-树脂基衍生产品的过程中，锌被当做催化剂使用。该类信息收录于排放限值指南指导文件中。

需要怎样的数据来准确描述上述企业的特征？

**示例：**

考虑上述提及的毛毡品生产企业、塑料加工企业，以及合成板材生产企业的情况，回答下述问题：

- 他们需要检测的有毒有机污染物有哪些？
- 他们需要检测的重金属有哪些？
- 不管是否需要检测，你认为哪些金属存在于他们的污水中？

**讨论：**

申请表填写指南中的2C-2以及NPDES条例中的40 CFR 122.21（g）（7）（ii）（A）均要求对塑料加工企业的GC/MS挥发性组分结果进行检测，同时还要求检测毛毡品生产企业和木材-树脂基衍生产品生产企业的全部四项GC/MS检测结果。申请表填写指南中的2C-3和40 CFR 122.21（g）（7）（ii）（B）要求对三个制造厂的申请表C1部分V项目中所列的所有重金属进行检测。这些企业污水中预期存在的重金属污染物详见排放限值指南指导文件。

### 4.3.3　正确的申请表

许可证申请表上所提交的所有信息除了是完整的以外还必须是准确无误的。虽然某些错误可能很难察觉，但一些常见的错误很容易发现，发现错误后必须予以纠正。许可证编写者纠正不准确信息时应遵循与获取缺失信息相同的程序。以下文本框包含的例子反映出了许可证编写者在审查许可申请时可能考虑的各类问题。

浓度值与分析检测限值相符吗？

**示例：**

（某申请者）所申报酸性物质的 GC/MS 图像片段（酚类化合物）中的化合物浓度均小于 1 mg/L。

**讨论：**

依照联邦法规第 40 卷 136 章规定，该有机组分中的化合物的检测限值全部接近 0.01 mg/L。很可能是由于使用 4AAP 的方法检测酚类化合物，而不是检测程序中要求使用的 GC/MS 方法。

能够使用水平衡计算方法来核实流量数据吗？

**示例：**

某工业用户根据用水记录估算废水排放量为 18 900 万 $m^3$/d。但对其历史用水记录和旧许可证申请表的审查发现，该企业废水排放量的波动范围在 37 800 万～56 700 万 $m^3$/d。这家工厂并没有采取任何节水措施，没有显著改变生产工艺流程，也没有减少其雇员人数。

**讨论：**

检查设备发现工厂里有两个独立的水表（一个用于公共卫生，一个用于工业用水）；但该工业用户忽略了用于公共卫生的水表。此外，发现用于工业用水的水表存在故障。随后对总废水排放的流量进行监测，记录数值是 47 250 万 $m^3$/d。安装一个全新的工业用水的水表后，对总废水排放流量进行监测，根据水表读数计算出了下面的水平衡：

- 进水（基于两只水表的读数）：55 944 万 $m^3$/d（49 518 万 $m^3$/d 的工业用水以及 6 426 万 $m^3$/d 的公共卫生用水）。
- 出水（基于废水排放流量监测数值）：向污水管道系统中排放的废水总量为 47 250 万 $m^3$/d。估计有 8 694 万 $m^3$/d 蒸发和消耗造成的流失（用水总量的 15%）。

浓度、质量以及流量值是一致的吗？

**示例：**

假设日均最大流量是 453 600 $m^3$/d，悬浮物的日均最大浓度是 23 mg/L，排放物的日均最大质量是 313 kg。

$$23\ \text{mg/L} \times (45.36 \times 10\,000)\ \text{m}^3/\text{d} = 104\ \text{kg/d}$$

与悬浮物的浓度（23 mg/L）和流量（453 600 $m^3$/d）相一致的质量是 104 kg/d。然而，排放物的日均最大质量是 313 kg。

**讨论：**

假定日均最大流量和日均最大浓度出现在同一天（最糟糕的情况），排放物的最大质量应该不超过每日 104 kg。既然申请者报告的排放物的日均最大质量是 313 kg，则说明存在较大的差异。许可证编写者应与企业沟通解决这个差异。

## 4.4　企业设施信息的审查

除提交申请表以外，许可证编写者应该考虑收集有助于改进许可证排放限值与条件的其他资料。

### 4.4.1　基础信息的审查

在编写许可证条件前，应首先收集和审查该企业全部的背景资料。这些信息大部分可能已可用于许可证文件中。典型的内部文件信息包括：

- ❖ 现有的许可证；
- ❖ 情况说明书或对当前许可证的基本说明；
- ❖ 排放监测报告（Discharge Monitoring Report，DMR）；
- ❖ 相关的核查报告；
- ❖ 工程技术报告；
- ❖ 企业状况或存在问题以及达标情况变更的相关信件和信息。

其中大部分资料，特别是排放监测报告（DMR）数据，可能已经储存在一个办公自动化数据跟踪系统中，如美国环保局许可证服务系统（Permit Compliance System，PCS）。

许可证编写者可以与其他曾经编写过类似设施许可证的编写者协商，查看即将通过许可的设施是否有任何特殊注意事项，还可与之前核查过该设施的专员一起探讨达标情况、变更情况和投诉历史等。可供许可证编写者使用的其他信息来源还包括：

- ❖ 由 EPA 收集用于完善废水处理指南和不同工业类别预处理标准详细信息的 EPA 文件。
- ❖ 标注了特殊工业类别，且在国家技术信息服务机构（NTIS）、EPA 图书馆以及其他图书馆中可供使用的参考教材，这些技术文件可提供制造业生产工艺和废物处理的信息。
- ❖ EPA 的《可处理性手册》（Treatability Manual），是一个包含 5 卷的指导手册（见术语表），提供了工业生产过程的详细描述、每个工艺流程的潜在污染物、适合的处理技术和成本估算流程。
- ❖ 受纳水体的水质数据[如 EPA 存储和检索数据库（STORET）]。
- ❖ 能够提供企业中不同类型污染物和废弃物的特定场地背景信息的有关环境许可证，如：① RCRA 许可证——规范了危险废物从废物产生到最终处置的生命周期内，生产者、运输者、所有者及运营者在处理、储存和处置设施方面的管理（42USC 6901seq）；②《清洁空气法》许可证——规范了大气污染物的排放。
- ❖ 有毒有害物质排放清单（TRI）可从 EPA 主页上的公众在线服务获取，也可通过公众在线服务获取。TRI 中列出了能释放超过 300 种已登记的有毒化学物的特殊设施，并提供这些设施的具体信息，包括化学鉴定、释放到不同环境媒介的化学品数量、厂区外的污染物转移与处理以及其他基本信息等。

若许可证编写者必须在许可证中注明特殊条件，如市政排放者预处理项目、合流制溢流污水（Combined Sewer Overflow，CSO）、下水道溢流污水（Combined Sewer Overflow，

SSOs)、污水污泥利用或处置，或暴雨径流排放等项目的发展或执行等情况，则需获得与之相关的信息。这样的信息可在以下文件中查找：

- ❖ 年度预处理报告、预处理相关检查和审计；
- ❖ CSO 报告；
- ❖ 旁路通报或者下水溢流报告；
- ❖ 暴雨径流排放的申请表或一般许可证的 NOI 表格。

### 4.4.2 设施现场实地考察

设施场地考察对更新生产工艺信息、获取有关设施运作信息、获取设备和管理情况以及核实申请材料都很有意义。设施现场实地考察也使许可证编写者与被许可的企业管理者之间相互熟悉，并使管理者参与到许可证编制过程中来。

实地考察可以使许可证编写者更好地了解较复杂的设施。当出现以下情形时可特别批准实地考察：① 需要进行重要的污染控制或处理设施改进；② 依照现有许可证仍频繁出现问题；③ 存在已知的溢出、泄漏或地表径流受污染等问题，或者存在其他的可能影响企业排放特征的活动。

实地考察应对生产过程详细审查，以便评估原材料、产品和副产品中可能存在的有毒或有害物质种类。应该对用水状况、废水流向以及所有生产过程中的污染控制进行审查，从而有助于选择需控制的有毒污染物或其他污染物，并评估在生产过程中加强污染控制的可行性。

此外，实地考察应对执行情况、污水处理设备的使用和保养操作进行审查。这对评估现有治理设施的执行情况以及改进和执行的可行性非常有用。污水监测点位布设、采样方法和分析技术也应进行检查，以确定是否需要改变监测要求，同时评价排放监测报告（DMR）数据的质量。

实地考察应查看原材料和产品的储存和装卸区域、污泥储存和处置区、危险废物管理设施（包括原位处置场地）以及所有生产区域，以确定地表径流的控制装置和最佳管理实践（BMP）的需求。如前所述，就这一点而言，其他环境法规或项目的信息可能也很重要。例如，《综合环境反应、补偿和责任法》（Comprehensive Environmental Response，Compensation，and Liabilities Act，CERCLA）和《资源保护及恢复法案》（Resource Conservation and Recovery Act，RCRA）。

在实地考察中，许可证编写者应注意预防泄漏与日常管理问题，这些在许可证申请中通常很难充分说明。若条件允许的话，在许可证准备阶段应对问题区域拍照存证。若有必要可以与管理层召开许可证申请的咨询与信息确认会议。如果在实地考察中发现了申请表中任何不准确之处，应及时提出更正。

用地考察所需的时间因设施的复杂性而不同。一个设施如果只有少量基本工艺流程、一个主要的废物处理系统、有限的过程控制、极少的地表径流排污口，以及有限的污泥或危险废物现场管理，则实地考察大约需要一天时间。而复杂的、拥有多个污水处理系统和众多排污口以及大量辅助设施与工艺的大型企业，实地考察可能需要数天。

用在实地考察上的时间往往可以节省许可证准备阶段的时间。然而，时间和/或经费一般不足以让编写者考察申请许可的所有设施。在这种情况下，许可证编写者也许能够从相似（或现有）企业的相关执行情况中获得所需的信息。

航拍照片也是对一个企业进行实地考察的有效补充，它可能提供关于地表径流潜在污染所需要的许多资料，并在无法实现实地考察或检查的情况下起到辅助参考作用。此外，将场地的航拍照片和申请表提供的流程图做对比，可以为编写者提供一个关于设施的完整的感观描述。航拍照片可从不同的来源获取，包括美国地质调查局（USGS）、一些地方环保局环境服务部门、内华达州拉斯维加斯的国家执法调查中心、弗吉尼亚州文特山的环境照片判读实验室以及一些私营公司。

## 4.5 机密信息

依照联邦法规第 40 卷 2 章提供给 EPA 的信息，其提供者可根据 NPDES 许可证规则中的联邦法规第 40 卷 122 章的要求进行保密声明。但 EPA 明确以下信息为非机密信息：

- 申请者的名字及地址；
- 许可证申请表和申请表中提供的信息；
- 许可证载明信息；
- 污水数据。

任何机密性声明必须在提交申请表时同时进行声明，否则该信息将被认为是非机密的。可能是机密信息的内容包括申请者在加工过程中独有的加工材料，或者如果泄露会对申请者的竞争地位产生不利影响的信息。在此情形下，许可证编写者将依照联邦法规第 40 卷 2 章中的要求对信息进行保密。

# 第 5 章　基于技术的排放限值

许可证编写者在确定国家污染物排放削减体系（National Pollutant Discharge Elimination System，NPDES）许可证中的排放限值时，必须既要使得现阶段污染物处理的技术水平能够达到限值的要求——基于技术的排放限值，也要确保受纳水体的特定用途不受影响——基于水质的排放限值。本章将讨论如何确定非市政（即工业）和市政污水基于技术的排放限值。确定工业污染源基于技术的排放限值有两种常用方法：①参照各种国家排放限值指南（Effluent Limitation Guidelines，ELG）；②使用最佳专业判定（Best Professional Judgment，BPJ）方法进行案例分析（国家排放限值指南没有给出明确规定时）。对于市政污染源即市政污水处理厂（Public Owned Treatment Works，POTW），其基于技术的排放限值来源于二级处理标准。基于技术的排放限值旨在依据目前污染治理的技术水平，允许排污者采用任何可行的治污技术，明确能够达到工业/市政点源处理要求的最低标准。

对于工业污染源，国家排放限值指南是在充分考虑经济效益的条件下，根据工业企业所属的特定行业所能达到的污染物处理水平制定。对于国家排放限值指南中没有相关规定的行业，许可证编写者应根据最佳专业判定，根据特定行业的同类污染物处理水平来确定排放限值。某些情况下，编写排污许可证时会同时考虑国家排放限值指南和最佳专业判定（包括水质方面的考虑）来确定排放限值。

## 5.1　非市政污染源基于技术的排放限值

许可证编写者在确定非市政污染源基于技术的排放限值时，必须参照所排放污染物的所有适用标准和要求。如上所述，合理的基于技术的排放限值应符合国家标准，并且满足特定行业标准对所有工艺的共同要求，或者满足许可证编写者根据最佳专业判定对具体工艺提出的要求。因此许可证编写者必须了解国家标准制定的基础以及不同工艺处理效果的差异。本节介绍了依据工艺处理效果制定污染物排放标准的法规基础，并且讨论了非市政污染源应用上述标准时存在的相关问题。

### 5.1.1　法律基础

最初，1972 年通过的联邦水污染控制法修订案要求美国环保局（Environment Protection Agency，EPA）制定不同工业行业污水处理标准（排放限值）。该法案规定现有的工业污染源需要达到如下目标：“到 1977 年 7 月 1 日，要求应用当前可用的最佳实用技术（BPT）达到排放限值；到 1983 年 7 月 1 日，要求应用经济上可实现的最佳可行性技术（BAT）来达到排放限值。”

EPA 把当前可用的最佳实用技术（Best Practicable Control Technology Currently Available，BPT）的处理效果定义为：“每个工业行业或子行业内运行良好的污水处理厂现行最佳处理效果的平均水平”；经济上可实现的最佳可行性技术（Best Available Technology Economically Achievable，BAT）定义为：“已经达到或者可以达到的最佳污染物控制和处理措施”。然而，1972 年的修订案在 BPT 或 BAT 对于不同种类污染物的应用方面没有加以区分，即 BPT 和 BAT 适用于所有污染物。《清洁水法》提供了确定 BPT 和 BAT 经济可行性的附加导则，BPT 标准要求排放限值的确定要衡量“行业范围内使用该处理技术的总成本与通过削减污染物带来的效益”。因此，BPT 要求 EPA 进行成本—效益核算，广泛考虑与行业处理能力相关的工程因素，以实现达标排放。对于 BAT 来说，EPA 还是必须考虑达标的成本，但并不要求减排的成本一定能与效益平衡。

除了 BPT 和 BAT 的要求，1972 年的修订案的第 306 条对“新建污染源”作出了更为严格的要求，EPA 把“新建污染源”定义为在排放标准公布以后开始建设的任何处理设施。制定这一系列专门导则的目的在于要求新建污染源必须采用当前最为先进的处理技术，因为这些污染源能够从开始建设之初就采用最新的处理技术。这些标准采用了最佳可用控制技术、工艺、运行方法或其他替代方案（如采用了可行的污染物零排放标准），被定义为新建污染源排放标准（New Source Performance Standards，NSPS）。NSPS 从新企业开始投入运行之日起生效，在 90 天内必须达到联邦法规第 40 卷 122 章 29 节（d）款的要求。NSPS 与 BPT 和 BAT 的主要区别是，NSPS 在确定技术要求时不需要对所选处理技术的成本与效益进行具体分析。

如上所述，1972 年的联邦水污染控制法修订案要求 EPA 应用 BPT、BAT 和 NSPS 制定排放限值指南（ELG），然而 EPA 未能在法案规定的时间内完成所有指南的编写，另外已经颁布的指南中也没有充分重视和强调有毒污染物的排放问题。因此，一些环保组织起诉 EPA 没有按照 1972 年的修订案的规定颁布排放限值指南。诉讼的结果是 EPA 和环保组织达成协议，协议要求 EPA 为 BAT 排放限值指南、预处理标准和 NSPS 的颁布制订计划并严格按照日程安排执行（NRDC v.Train，1976）。这些标准主要集中于 21 个主要工业行业（也被称作“基础工业”）的 65 种有毒“优先污染物”（包括污染物种类）。这一决定被纳入了 1977 年的联邦水污染控制法修订案，并且进一步扩展到涵盖 34 个主要行业和 129 种“优先污染物”（NRDC v. Costle，1979 年 3 月）（注：优先污染物的清单之后被修改为包括 126 种特定指标并被列在联邦法规第 40 卷 423 章附表 A 中）。

根据所达成的协议，1977 年的联邦水污染控制法修订案（现更名为《清洁水法》）修改了 BAT 要求的适用范围，规定其只用于非常规有毒污染物。同时，修订案要求对常规污染物应用最佳常规污染物控制技术（Best Conventional Pollutant Control Technology，BCT）。BAT 和 BCT 标准都被定义为在工业行业或者子行业内已经应用或者能够应用的最佳控制和处理措施。考虑到成本合理性，1977 年《清洁水法》对 BAT 的定义没有做很大的改变。对于 BCT，EPA 需要考虑削减污染物排放的成本及其带来的效益之间的合理性。国会希望 BCT 限值的达标成本可以同市政污水处理厂达到二级处理标准的处理成本相当（见 5.2 节）。

综观基于技术排放限值的法规的改进过程，《清洁水法》及其修订案都规定了颁布各种标准的截止时间。但是由于技术和行政上的困难，绝大多数截止时间都被推延。专栏 5-1 中列出了不同处理技术要求颁布的最终法定实施时间。

专栏 5-1 BPT、BAT 和 BCT 的法定实施时间

| 污染物 | 处理水平 | 法定实施时间 |
|---|---|---|
| 常规 | BPT | 1977 年 7 月 1 日 |
| 常规 | BCT | 1989 年 3 月 31 日 |
| 非常规 | BPT | 1977 年 7 月 1 日 |
| 非常规 | BAT | 1989 年 3 月 31 日 |
| 有毒 | BPT | 1977 年 7 月 1 日 |
| 有毒 | BAT | 1989 年 3 月 31 日 |

需要注意的是，在 NPDES 许可证中应用合适的排放限值指南（ELG）时，许可证编写者无权延长这些排放限值的法定截止时间。因此，所有适用的基于技术的要求，如排放限值指南和最佳专业判定，在 NPDES 许可证中都必须执行，不考虑执行计划的效果。

### 5.1.2 国家排放限值指南和处理标准的编制

由于行业差异，对某个行业最适合的处理技术并不一定适合其他行业，因此，EPA 会针对不同行业制定不同排放限值指南和处理标准。这些标准是依据某行业通过应用处理技术所能够达到的污染物削减程度而设定的，不考虑污染排放企业所处的位置因素。同类企业可以应用同样的规范。例如，理论上位于美国东西两岸的同类制浆造纸厂可以采用同样的基于技术的排放限值（在控制污染排放时企业位置起重要作用的情况除外）。

到目前为止，EPA 已经为 50 多个不同工业行业制定了指南和标准，如金属表面加工厂、蒸汽发电厂、炼铁炼钢厂等。指南内容可以参见联邦法规第 40 卷 405—499 章。除此以外，1987 年《水质法》（Water Quality Act，WQA）第 304 条要求 EPA 每两年要制定新的排放限值指南，并且每年对现有指南进行评估和修订。如法案中要求的那样，EPA 一直在进行更新和修订的工作。

制定排放限值指南是一项复杂而耗时的工作，专栏 5-2 列出了制定指南的常规程序流程图。这些规章的制定都是基于复杂的工程学和经济学研究，这些研究将工业行业和污水特性进一步细分，并且确定每一个行业或者子行业的处理能力。

在制定排放限值指南时，《清洁水法》要求 EPA 必须考虑以下因素：

❖ 装备设施的使用年限；
❖ 采用的生产工艺；
❖ 推荐污染控制技术的工程应用，包括工序改变和厂内的污染控制；
❖ 非水质影响因素，包括能源需求；
❖ 成本；
❖ 酌情考虑其他因素。

**专栏 5-2　排放限值指南制定流程图**

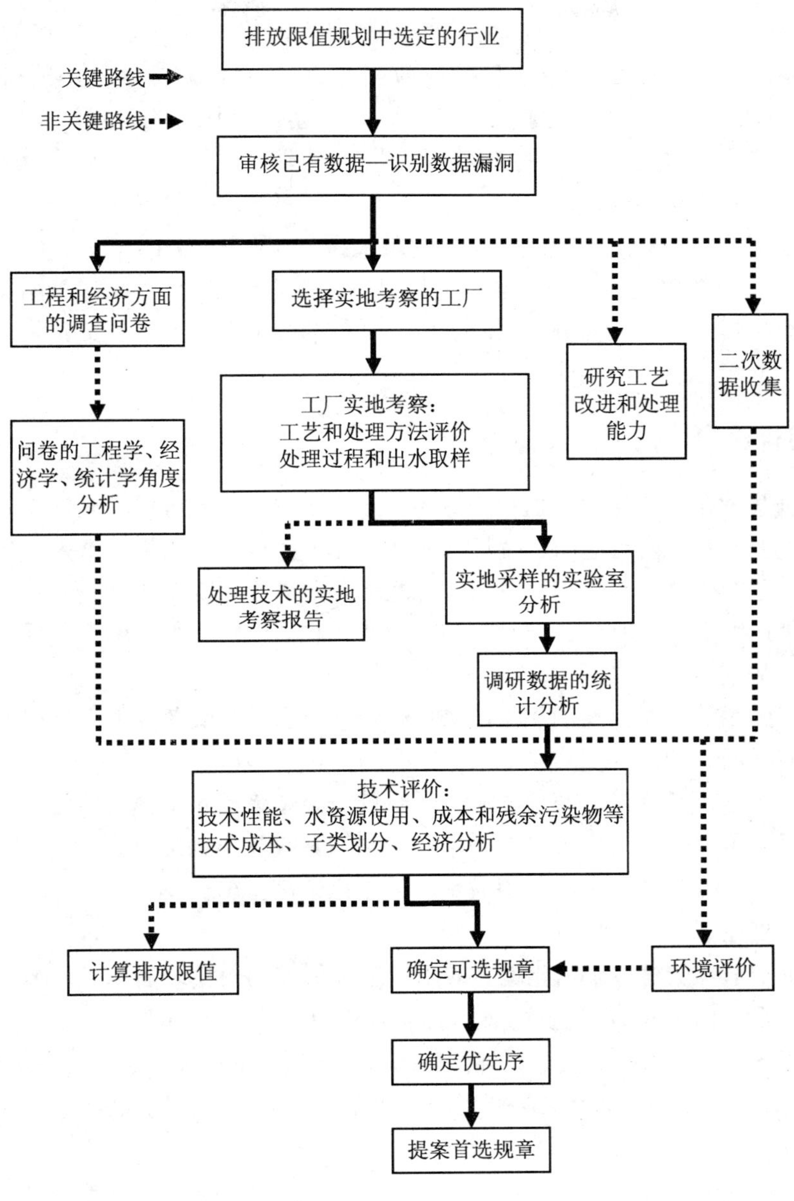


如果有必要，EPA 可以在某特定行业内为企业设定多选的排放限值指南。当数据表明在不同的工程和经济条件下对污染物排放的控制需求有差别时，同行业的企业可以应用不同的排放限值指南。这些子分类为 EPA 提供了二级污染物控制规范，以提高行业内排放限值指南间的一致性。

对所有的排放限值指南，EPA 都制定了日最大和长期平均两个排放限值，许可证编写者必须把这两个限值都写入许可证。日最大排放限值是基于每日污染物排放量呈对数正态分布这一假设得出的。由每日污染物排放量的分布可以得出一系列平均值，长期平均排放限值则是基于这些平均值的分布得出的。在设计污水处理系统时，EPA 建议排污企业将设计目标定为满足长期平均限值，而不是日最大限值。日最大限值主要用于描述出水浓度在长期平均限值以上的波动情况。

需要指出的是，排放限值指南的制定并不总是针对点源排放的所有污染物。多数情况下，排放限值指南只针对部分污染物而制定，一般称这部分污染物为“指示污染物”。控制这类污染物的排放能够确保企业达到《清洁水法》基于技术的排放要求（如 BPT、BCT、BAT 和 NSPS）。例如，EPA 可能只选择控制工业企业污水中的某一种金属污染物，而按照《清洁水法》中排放限值指南（即贯彻基于技术的污染物控制方式）的规定，应该确保排放的污水中所有的金属污染物都被适当处理。

EPA 颁布了一系列的对于编制应用排放限值指南非常实用的文件，其中最著名的就是 EPA 为每个具有排放限值指南的行业制定的“编制说明”，EPA 将制作“编制说明”作为排放限值指南制定过程的一部分，同时提供了详细的限值编制程序综述，包括将这些规章应用于不同工艺实施过程的决策方法。

### 5.1.3 应用排放限值指南的注意事项

许可证编写者在基于排放限值指南制定排放限值时，需要对各工业行业的排放限值指南有总体的把握，并且要对适用于持证者所属行业的排放限值指南有深入细致的了解。为了能够应用合适的排放限值指南，许可证编写者必须考虑以下几个问题：

- ❖ 归类：确定企业所适合的行业和子行业，并且正确选用适用于该行业或者子行业的排放限值指南；
- ❖ 跨产品或跨行业企业的类别归类：对跨多个子行业或者因生产工艺多样而导致产品多样的企业进行归类；
- ❖ 基于产量或者流量的限值：确定适合的产量或者流量的测量方法；
- ❖ 多级许可限值：对于不同的产量和流量情景设定不同限值；
- ❖ 质量与浓度限值：考虑使用质量限值还是浓度限值。

以上问题将在下面进一步讨论。

一旦确定了适当的排放限值指南，应用这些限值就相对比较简单了，因为这些标准指南都来自于技术层面（有时是通过诉讼而来），排放限值指南的实施则要求许可证编写者对各方面的信息比较了解，尤其是联邦法规（Code of Federal Regulations，CFR）和联邦公报（Federal Register，FR）。专栏 5-3 列出了一个两页篇幅的适用于钢铁行业的排放限值指南作为示例。

#### 5.1.3.1 归类

为了恰当使用排放限值指南，许可证编写者必须首先确定申请企业所属的行业类别。标准工业分类代码（SIC）由联邦政府制定并负责更新，其对企业分类非常有用，可通过比较企业经济方面或其他方面特定的数据来分类。

NPDES 申请表 1 的第 V-II 项要求申请者提供其许可证申请书中涵盖的所有生产活动的标准工业分类代码。某些情况下，标准工业分类代码能够识别特定企业所属的行业或者子行业。通常来说，一般只需根据标准工业分类代码识别企业所属的行业，而不必细化到子行业。

专栏 5-3　针对钢铁工业的排放限值准则（ELG）

H 子部分—接上

| 污染物或污染物性质 | BAT 排放限值 | |
|---|---|---|
| | 任意一天中的最大排放值 | 连续 30 天的日排放量的平均值 |
| 铬………… | 0.007 08 | 0.002 64 |
| 镍………… | 0.006 36 | 0.002 13 |
| pH………… | (1) | (1) |

1 变化范围在 6.0～9.0。

（4）连续生产。

H 子部分

| 污染物或污染物性质 | BAT 排放限值 | |
|---|---|---|
| | 任意一天中的最大排放值 | 连续 30 天的日排放量的平均值 |
| | kg/t 产品 | |
| TSS…… | 0.096 4 | 0.041 3 |
| 铬………… | 0.001 36 | 0.000 551 |
| 镍………… | 0.001 24 | 0.000 413 |
| pH………… | (1) | (1) |

1 变化范围在 6.0～9.0。

（b）盐浴除垢，减量。

（1）批处理生产。

H 子部分

| 污染物或污染物性质 | BAT 排放限值 | |
|---|---|---|
| | 任意一天中的最大排放值 | 连续 30 天的日排放量的平均值 |
| | kg/t 产品 | |
| TSS…… | 0.094 9 | 0.040 7 |
| 氰化物…… | 0.001 02 | 0.000 339 |
| 铬………… | 0.001 36 | 0.000 542 |
| 镍………… | 0.001 22 | 0.000 407 |
| pH………… | (1) | (1) |

1 变化范围在 6.0～9.0。

（2）连续生产。

H 子部分

| 污染物或污染物性质 | BAT 排放限值 | |
|---|---|---|
| | 任意一天中的最大排放值 | 连续 30 天的日排放量的平均值 |
| | kg/t 产品 | |
| TSS…… | 0.532 | 0.228 |
| 氰化物…… | 0.006 69 | 0.001 90 |

〔40 CFR Ch.l（7-1-95 Edition）〕

H 子部分—接上

§ LGs 工业的

| 污染物或污染物性质 | BAT 排放限值 | |
|---|---|---|
| | 任意一天中的最大排放值 | 连续 30 天的日排放量的平均值 |
| 铬………… | 0.007 59 | 0.003 04 |
| 镍………… | 0.006 83 | 0.002 20 |
| pH………… | (1) | (1) |

1 变化范围在 6.0～9.0。

〔47 FR 23284，May 27，1982；47 FR 41739，Sept.22，1982〕

§ 420 83 排放限值可通过利用经济上可实现的最佳可行性技术（BAT）来达到可实现的污水减量的目的。

除联邦法规第 40 卷 125 章 30—32 节中提及的外，任何与该子部分有关的现有点源必须利用经济上可实现的最佳可行性技术以达到下列排放限值能够实现的污水减量的目的。

（a）盐浴除垢，氧化。

（1）批处理生产，板材。

H 子部分

| 污染物或污染物性质 | BAT 排放限值 | |
|---|---|---|
| | 任意一天中的最大排放值 | 连续 30 天的日排放量的平均值 |
| | kg/t 产品 | |
| 铬………… | 0.002 92 | 0.001 17 |
| 镍………… | 0.002 63 | 0.006 76 |

（2）分批处理，杆与线。

H 子部分

| 污染物或污染物性质 | BAT 排放限值 | |
|---|---|---|
| | 任意一天中的最大排放值 | 连续 30 天的日排放量的平均值 |
| | kg/t 产品 | |
| 铬………… | 0.001 75 | 0.000 701 |
| 镍………… | 0.001 58 | 0.000 526 |

H 子部分

| 污染物或污染物性质 | BAT 排放限值 | |
|---|---|---|
| | 任意一天中的最大排放值 | 连续 30 天的日排放量的平均值 |
| | kg/t 产品 | |
| 铬………… | 0.007 09 | 0.002 84 |
| 镍………… | 0.006 38 | 0.002 13 |

（4）连续生产。

H 子部分

| 污染物或污染物性质 | BAT 排放限值 | |
|---|---|---|
| | 任意一天中的最大排放值 | 连续 30 天的日排放量的平均值 |
| | kg/t 产品 | |
| 铬………… | 0.001 36 | 0.000 661 |
| 镍………… | 0.001 24 | 0.000 413 |

（b）盐浴除垢，减量。

（1）批处理生产。

H 子部分

| 污染物或污染物性质 | BAT 排放限值 | |
|---|---|---|
| | 任意一天中的最大排放值 | 连续 30 天的日排放量的平均值 |
| | kg/t 产品 | |
| 氰化物…… | 0.001 02 | 0.000 339 |
| 铬………… | 0.001 35 | 0.000 542 |
| 镍………… | 0.001 22 | 0.000 407 |

（2）连续生产。

H 子部分

| 污染物或污染物性质 | BAT 排放限值 | |
|---|---|---|
| | 任意一天中的最大排放值 | 连续 30 天的日排放量的平均值 |
| | kg/t 产品 | |
| 氰化物…… | 0.005 89 | 0.001 90 |
| 铬………… | 0.007 59 | 0.003 04 |
| 镍………… | 0.006 63 | 0.002 26 |

§420.84 新建污染源排放标准（NSPS）。

从受该子部分管理的任意一个新污染源排放出的废水污染物均不得超过下面所列标准。

（a）盐浴除锈，氧化。

（1）批处理生产，成片处理以及电镀处理。

H 子部分

| 污染物或污染物性质 | 新污染源行为标准 | |
|---|---|---|
| | 任意一天中的最大排放值 | 连续 30 天的日排放量的平均值 |
| | kg/t 产品 | |
| TSS 排放量的 | 0.204 | 0.087 6 |
| 铬………… | 0.002 92 | 0.001 17 |
| 镍………… | 0.002 83 | 0.000 876 |
| pH………… | ([1]) | ([1]) |

[1] 变化范围在 6.0～9.0。

（2）批处理生产，杆与线。

H 子部分

| 污染物或污染物性质 | 新污染源行为标准 | |
|---|---|---|
| | 任意一天中的最大排放值 | 连续 30 天的日排放量的平均值 |
| | kg/t 产品 | |
| TSS…… | 0.123 | 0.062 6 |
| 铬………… | 0.001 75 | 0.000 701 |
| 镍………… | 0.001 58 | 0.000 526 |
| pH………… | ([1]) | ([1]) |

[1] 变化范围在 6.0～9.0。

（3）批处理生产，管道输送。

H 子部分

| 污染物或污染物性质 | 新污染源行为标准 | |
|---|---|---|
| | 任意一天中的最大排放值 | 连续 30 天的日排放量的平均值 |
| | kg/t 产品 | |
| TSS…… | 0.496 | 0.213 |
| 铬………… | 0.007 09 | 0.002 84 |
| 镍………… | 0.006 38 | 0.002 13 |
| pH………… | ([1]) | ([1]) |

[1] 变化范围在 6.0～9.0。

**示例：**

一个铜冶炼厂（标准工业分类代码是 3331），属于联邦法规第 40 卷第 421 条中所列的有色金属制造业，在本示例中，标准工业分类代码 3331 也显示出该企业属于铜冶炼子行业。

**示例：**

一个生产丙烯酸和丙烯酸酯的企业（标准工业分类代码是 2869），根据标准工业分类代码，我们可以很容易地将其归类为有机化学品、塑料和人造纤维行业（OCPSF），但是确定其子行业就有一定难度了。本示例中，许可证编写者根据“有机化学品、塑料和人造纤维行业”的编制说明中的行业分类讨论，可以确定从事此类生产活动的企业应该属于 G 子类（散装有机化学品）。

需要注意的是，尽管标准工业分类代码有助于对企业进行行业归类，但是许可证编写者不能完全依赖该编码，因为标准工业分类代码并不是根据 EPA 的行业分类方案来制定的，同样 EPA 的行业分类方案也不是根据标准工业分类代码制定的，因此两种行业分类编码在企业归类过程中并不完全一致。还需注意的是一个企业可能有多个标准工业分类代码。EPA 的编制说明提供了一些特定企业种类应用规范的详细信息，这是对企业进行行业归类时有用的信息来源。另外，在颁布排放限值指南的联邦公报中，对排放限值指南应用到不同企业的情况也做出了附加说明。

在决定适用的排放限值指南时，最好首先识别出行业种类，然后通过详细分析企业运营情况，确定其所属的子行业。可以通过将不同行业种类快速划分为“不适用”或者“可能适用”来对企业进行行业归类。

**示例：**

如果拟建造一座啤酒厂，其显然不属于钢铁行业，但其可能属于有机化学品行业，这取决于副产品的产生过程和再利用程度。通过详细分析企业生产过程和对比有机化学品下的子行业，就可以确定其所属的子行业。当然，也可能没有其合适的子行业。

在多数情况下，企业可能不能明确地属于一类行业或者一个子类，这就要求许可证编写者通过研究来确定其适用的行业和子行业。

**示例：**

某全自动洗衣机生产企业（标准工业分类代码是 3633）可以被划分为家用洗衣设备行业（如标准工业分类代码系统中所规定的那样）。然而，由于企业所从事的生产活动的不同，根据排放限值指南中的规定，它又可以属于搪瓷、金属表面加工或者塑料造模行业。

许可证编写者在确定了企业可能的行业类别之后，可以利用更详细的企业信息做进一步评估，以最终确定其所属的行业和子行业。

#### 5.1.3.2 产品多样性和跨行业性

有些企业生产多种产品，或者其生产工艺分属不同的行业或者子行业。在这种情况下，许可证编写者必须仔细研究排放限值指南以确保：①适用的各种排放限值指南之间没有可相互取代的情况；②正确应用了排放限值指南。例如，前文所提及的有机化学品、塑料和人造纤维行业排放限值指南（52 FR 42523）的前言中，指出了许多有机化学品、塑料和人造纤维行业的规章被现有其他行业排放限值指南所取代的情况。

如果一个企业适用多个排放限值指南，许可证编写者在确定基于技术的排放限值时，必须考虑每一个排放限值指南。如果受不同排放限值指南规范的污水收集到一起然后再进行处理并排放到通航水体，那么许可证编写者可以简单地把各个排放限值指南中规定的污染物允许负荷累加起来，得到该企业基于技术的排放限值，也就是类似"积木叠加"的方式。

然而上述方法不能适用于所有的情况。当某企业同时使用多个不同子行业的排放限值指南，而这些条例中规定的污染物种类又有差异时，就不能通过简单地累加得到污染物排放限值。如果所有规定的污水被收集到一起，有两种方法可以来确保合理应用排放限值指南：

- ❖ 如果某种污水含有的某污染物并没有被适用于该污水的排放限值指南所涵盖，而与其混合的另外一种污水适用的排放限值指南中包括了对该种污染物的规定，那么许可证编写者必须使用最佳专业判定来为没有被规定的污水确定基于技术的排放限值（见5.1.4节）。
- ❖ 如果不含有某种污染物的污水与另一种含有该种污染物的污水混合，且后者适用的排放限值指南对该种污染物的排放进行了规定，许可证编写者必须确认不会因混合导致该种污染物无法检出。如果出现这种情况，许可证编写者应按照联邦法规第40卷122章45节（h）款，要求企业建立内部排污监测口。

排放限值指南也可能规定不一致的限值，此时需要进行调整。例如，某行业的排放限值指南（如搪瓷）可能包括某种污染物的日最大排放限值，然而另外一个行业的排放限值指南（如电镀）中设定了该污染物的4天平均排放限值。这种情况下，许可证中需要同时应用这两个排放限值指南。许可证编写者有以下两种处理方式：

- ❖ 在许可证中设定两个限值，也就是日最大排放限值和4天平均排放限值；
- ❖ 在内部排污口应用合适的排放限值指南[如联邦法规第40卷122章45节（h）款所规定]。

**示例1：**

某金属电镀厂，新建了一条生产线，新旧两条生产线产生的废水首先进行混合，然后再统一处理和排放。在这种情况下，要综合考虑应用于新生产线的NSPS限值和应用于旧生产线的BAT/BCT限值，从而确定出排放限值。

**示例2：**

某综合灯具生产厂具有铜塑形、铝塑形、金属表面加工和搪瓷等生产工序，每道工序产生的污水先收集起来，然后统一处理和排放。在这种情况下，对于每一类污水都要选用合适的排放限值指南，最后综合考虑以确定排放限值。

### 5.1.3.3 基于产量、流量的限值

一般情况下，排放限值以基于单位产量（或其他产量计量方法）的污染物允许排放量或基于单位时间的污水流量来表示。总的来说，基于产量或流量的标准是为需要进行综合排放量削减的行业而制定的，EPA 在制定排放限值指南时将其考虑在内。这一方法强制持证者采取可量化的方式来达到排放限值。为了确定许可限值，依照联邦法规第 40 卷 122 章 45 节（b）款，可以将这些标准中规定的排放限值与企业的实际产量或流量（不是设计产量或流量）相乘。因此，许可证编写者有必要根据企业在申请过程提供的信息，确定企业的实际产量或流量。

应用排放限值指南的理想情况是企业的产量或流量长期保持稳定，这样计算排放限值就可以使用平均产量或流量。实际上，产量或流量并不能如理想状况那样保持稳定，市场需求的变化、生产维护、产品变化、停机检修、突发事故和企业改装等各种因素，都会导致产量或流量的变化。因此，一个企业的产量或者流量会随着时间而变化。

对产量或流量变化的企业，许可证编写者应该根据许可证编写阶段的情况估算一个长期的平均值。建议许可证编写者根据过去 5 年内的企业数据来确定这一平均值，然后乘以单位产量或流量的排放限值就可以得到许可限值。在特定情况下，许可证编写者会发现使用少于 5 年的数据可以更好地表征未来 5 年内的情况。这可能是由于该企业曾经进行过的主体工艺改进影响了产量或流量，故使用改进之前的数据来预测未来的生产是不合理的。

估算一个企业的产量或流量用于估计长期平均生产率（以产品日产量或者每日废水产生量计），从而可在下一个许可证有效期内使用这一平均值。以下示例说明了基于产量的排放限值指南的应用。

**示例：**

A 公司在过去的 5 年里每年运行 255 天，5 年的产品产量分别是 331 000 t、301 500 t、361 500 t、332 000 t 和 331 500 t，如何估计用于许可证计算的产量？假设污染物 X 的月平均排放限值是 0.1 kg/1 000 kg，每日最大限值是 0.15 kg/1 000 kg，排放总限值的计算结果将是什么？

**讨论：**

按照上述方法可以估算长期平均产量，即过去 5 年产量的平均值 331 500 t/a 作为许可证下一个生效期内的实际产量。此外，在估算总产量时，企业的生产运营时间也必须考虑进来。如果每年的生产时间变化较大，那么在比较之前就必须首先换算为每天的产量，将每年的产量除以每年的生产天数就可以得到每天的产量。每年的生产天数可以通过每年的总天数减去没有进行生产的天数得到。如果 A 公司每年一般运行 255 天，年平均产量是 331 500 t，则每天的产量就是 1 300 t。

月平均排放限值：1 300 t/d×0.10 kg/1 000 kg=130 kg/d

每日最大限值：1 300 t/d×0.15 kg/1 000 kg=195 kg/d

上述案例采用了过去 5 年的平均产量作为产量的估计值。当产量在许可证有效期内不会明显变化时，使用该平均产量是合理的。然而，如果历史趋势、市场需求或者公司计划使得产量在许可证有效期内将会发生较大变化，那么就应该采用其他方法估算产量。

#### 5.1.3.4 多级许可证限值

如果在许可证有效期内产量将会发生较大的变化，许可证编写者可以考虑交替的或者多级的污染物限值，例如季节性的产量变化导致产量超过了某一个临界值时，多级限值将会十分有效。一般来说，产量变化率在 20%以内都属于合理的波动，而当产量变化率超过了 20%就要考虑采用交替限值，以下示例很好地描述了多级限值的特点。

> **示例：**
>
> 在过去 5 年里，B 企业在春夏季（即 3 月至 8 月）每天生产 40 t 产品，在秋冬季（即 9 月至次年 2 月）每天生产 280 t。秋冬季的产量远高于春夏季的产量，该企业辩称全年的生产将会维持在秋冬季的高位水平。污染物 X 的月平均排放限值是 0.08 kg/1 000 kg，每日最大限值是 0.14 kg/1 000 kg，多级排放限值如何确定？
>
> **讨论：**
>
> 第一级或者说低限值根据 40 t/d 的产量计算，3 月至 8 月应用这一限值：
>
> 月平均限值：40 t/d×0.08 kg/1 000 kg =3.2 kg/d
>
> 每日最大限值：40 t/d×0.14 kg/1 000 kg =5.6 kg/d
>
> 第二级或者说高限值根据 280 t/d 的产量计算，9 月至次年 2 月应用这一限值：
>
> 月平均限值：280 t/d×0.08 kg/1 000 kg =22.4 kg/d
>
> 每日最大限值：280 t/d×0.14 kg/1 000 kg =39.2 kg/d

只有在仔细分析了生产数据，并且在产量确实存在较大波动的情况下，才可以使用具有多个限值的多级排放限值。上例中，低限值在产量较低的时候生效；在产量较大的时候，高限值就生效。除此以外，对于特殊工艺或者生产线可以使用交替限值。在许可证中必须对临界值、产量测算方式和特殊的报告要求进行详细的阐述。特殊报告要求包括以下条款：

- ❖ 如果持证者计划在某月份以高限值产量运营，那么它必须在当月开始前两个工作日向许可证授权机构进行汇报，并且报告准备高限值产量运营的持续时间；
- ❖ 在排放监测报告中，持证者需汇报生产水平以及适用于该生产水平的排放限值和标准。

#### 5.1.3.5 质量限值和浓度限值

联邦法规第 40 卷 122 章 45 节（f）款中规定许可限值、标准或者禁令都是以质量为单位的，如磅、千克、克，但以下情况除外：

- ❖ pH、温度、放射性或者其他不能准确表达为质量限值的污染物；
- ❖ 当适用的标准或者限值使用其他单位进行计量时；
- ❖ 在一些具体案例的具体分析中，确定基于技术的排放限值时也可能并不以质量为单位，因为有些案例中产品产量无法与质量或污染物排放相关联。不过在这种情况下，应当确保企业不会通过稀释来替代治理。

联邦法规第 40 卷 122 章 45 节（f）（2）款中，规定允许许可证编写者从自己的角度，用其他单位表示限值（如浓度单位）。如果限值表示为多个单位，那么持证者要遵守所有限值。

按照规章的要求，许可证编写者可以在某些情况下使用多个单位来描述排放限值。例如，同时规定浓度和质量的限值可以确保企业的污水处理设施始终正常运行。如果没有浓度限值，持证者可能在低流量时提高出水浓度（即降低处理水平）后，仍能达到质量限值的要求。浓度限值能够避免在低流量时处理设施运行效率过低，确保污水处理设施始终正常运行。

浓度限值应该根据对历史监测数据的评价来确定，并且通过工程学判断来确定其合理性。某些特定情况并不适合采用浓度限值，因为其可能会阻碍创新技术的应用，比如持证者的节水措施。例如，若一个企业一直对污水进行有效治理，同时又希望采取节水措施，那应用浓度限值就不太合适了。因为若出水的流量降低，在处理效果不变的情况下，浓度可能就会升高使出水不能达标。总之，浓度限值的使用要根据许可证编写者的专业判断，具体情况具体分析。

需要注意的是，月平均浓度限值和每日最大浓度限值都应该是根据长期平均流量制定的。浓度限值最适宜采用长期平均流量计算，因为一个运行良好的企业可以预期其排放浓度的范围。而采用每日最大流量计算出来的浓度会小于企业正常运行时的浓度，故不适合采用每日最大流量来确定浓度限值。同样的，每日最低流量算出来的浓度将会高于正常运行时的浓度。

**示例：**

对于A公司，污染物X的质量限值设定为：日最大排放限值176 kg/d、月平均限值117 kg/d。根据平均流量3 406 $m^3$/d和低流量2 271 $m^3$/d，计算月平均的浓度限值（以mg/L为单位）。

**讨论：**

月平均限值（根据平均流量计算）：（117 kg/d）/（3 406 $m^3$/d）=35 mg/L

月平均限值（根据低流量计算）：（117 kg/d）/（2 271 $m^3$/d）=52 mg/L

该值大约是平均流量水平下的浓度的150%。

在确定合适的排放浓度限值时，推荐采用月平均限值和日最大排放限值除以平均流量计算得出：

月平均限值：（117 kg/d）/（3 406 $m^3$/d）=35 mg/L

每日最大限值：（176 kg/d）/（3 406 $m^3$/d）=52 mg/L

**示例：**

某皮革企业需要遵守根据其产量而制定的排放限值指南，许可证编写者根据该厂的长期平均产量和联邦法规第40卷122章45节（f）（1）款来计算其适用的总量限值。鉴于该厂过去的监察记录，许可证编写者注意到，尽管该厂遵从了质量限值，但是污水排放量和浓度变化比较大。为了保证水处理单元长期稳定运行，许可证编写者认为需要制定浓度限值。许可证编写者参阅EPA制定的关于皮革行业排放限值指南的编制说明，根据排放限值指南所依据的处理技术水平来制定浓度限值，再把该限值依照联邦法规第40卷122章45节（f）（2）款写入许可证。

### 5.1.4 最佳专业判定限值

最佳专业判定（BPJ）的排放限值是非市政（工业）污染企业在考虑实际情况的基础上基于技术的排放限值。BPJ 限值适用于某项污染物没有相应的排放限值指南或者不在排放限值指南的管理范围内。BPJ 定义为许可证编写者综合考虑构成 NPDES 许可证条款的相关可得数据和信息后做出的最高质量的技术选择。

《清洁水法》第 402 条（a）（1）款规定了 BPJ 的权限，该规定授权 EPA 管理者在采取必要的实施措施（如编制排放限值指南）之前，可以签发注明“以管理者决策作为执行本条例规定的必要措施”的许可证。早在 20 世纪 70 年代中期第一轮 NPDES 许可证实施期间，大部分许可证是根据《清洁水法》第 402 条（a）（1）款的授权完成的。第一批的许可证被称为最佳工程判断许可证，因为当时很多工业行业没有排污指南与标准。随着排污指南的颁布，许可证编写者逐渐减少了对最佳工程判断的依赖，而应用排放限值指南编制许可证。随着对有毒污染物控制的持续推广，使用最佳专业判定编写许可证再次普遍起来。然而，执行基于技术的排放限值（包括基于 BPJ 的污染物限值）的法定截止时间是 1989 年 3 月 31 日。因此，为了延长达到 BPJ 污染物限值的期限，在许可证中无法写入执行时间表。

多年实践证明，BPJ 对于 NPDES 许可证编写者来说是很有价值的工具。因为它的应用范围广，在确定许可证条款时 BPJ 具有很强的灵活性。然而，正是这种灵活性使许可证编写者难以说明 BPJ 是合理的并且具有可靠的工程分析基础。如果没有合理性评估，BPJ 很容易遭到持证者的质疑。因此，在应用 BPJ 时应该清楚地定义和说明许可证的情况，表明其必要性、发展情况以及基础条件。简单地说，许可证编写者必须详尽阐明 BPJ 许可证的逻辑依据，要能经受得住企业、公众以及行政法律的审查。

#### 5.1.4.1 确定 BPJ 许可证限值

联邦法规第 40 卷 125 章 3 节中的 NPDES 条例规定，许可证的编写需以《清洁水法》第 402 条（a）（1）款为基础并且结合企业的实际情况，另外还需要注意以下两个方面：①根据所有可得的信息，确定企业所属行业适用的点源污染处理技术；②应考虑申请人的任何特殊情况。许可证编写者必须考虑现有排放限值指南规定之外的要求，据此设定 BPJ 限值，是因为可能该企业所属行业没有排放限值指南（如油桶回收企业、运输设备清洗企业、工业洗衣店），或者在排放限值指南中对可能造成危害的污染物没有作出明确的规定（如制药或石油炼油行业可能会排放较高浓度的有机溶剂，对于这些污染物行业，排放限值指南并没有提及）。需要注意的是，在为排放限值指南中没有规定的污染物确定基于 BPJ 的排放限值之前，许可证编写者应该确定 EPA 在编制排放限值指南时确实没有考虑该污染物（也就是说，对于 EPA 在制定排放限值时考虑过并且认为没有必要在 ELG 中作出规定的污染物，不需要为其制定基于 BPJ 的排放限值），适用的“编制说明”中包含的信息可以帮助许可证编写者决定是否有必要制定基于 BPJ 的限值。

在设定 BPJ 限值时，许可证编写者必须注意联邦法规第 40 卷 125 章 3 节（d）款中出现的一些特定因素，这些因素同 EPA 在确定排放限值指南时需要考虑的因素是一样的，因此其通常被称为 304（b）因素，具体如下：

❖ 对于 BPT 的要求：
—应用减排技术的总成本与减排带来的效益；
—相关设备和设施的使用年限*；
—采用的工艺*；
—应用各种污染治理技术的工程考量*；
—工艺的改变*；
—非水质环境因素，如能耗。

❖ 对于 BCT 的要求：
—上述 BPT 要求中“*”号标记的项目；
—减排费用和效益之间关系的合理性；
—比较市政污水处理厂和某类工业源排放某种污染物的减排费用和相应的减排水平。

❖ 对于 BAT 的要求：
—上述 BPT 要求中“*”号标记的项目；
—达到减排目标的费用。

在确定许可证中根据 BPJ 的排放限值时，许可证编写者必须考虑上述每一个因素。由于 BPJ 本身就包含了判断或选择的过程，因此通过合适的工具，许可证编写者应该可以确定技术上可行且合理的 BPJ 限值。

一个技术上可行且合理的 BPJ 限值，一般不会被申请企业或者其他第三方质疑。在此背景下，“技术上可行”的意思是该限值依靠现有技术是可以实现的；“合理”的意思是指企业能够承担达到该限值所需要的费用。一直以来，对技术和经济可行性的考虑比对年限、采用的工艺和非水质的环境因素等其他因素的考虑显得重要得多。

#### 5.1.4.2　编制 BPJ 许可证的工具和参考

确定 BPJ 限值有两种方法：一种是从同类型的 NPDES 许可证或者现有的排放限值指南等资料中得到；另一种是制定新的数量限值。许可证编写者可以采用其中的任意一个方法，编写 BPJ 许可证有大量可使用的工具和参考信息，有经验的 BPJ 许可证编写者会倾向于依据一些参考信息来编写。专栏 5-4 列出了一些参考信息和如何选取 BPJ 数据的案例，这些案例经过多年实践证明对许可证编写者非常有用。

专栏 5-4 中列出的工具和参考，大部分均可用于确定新的基于 BPJ 的排放限值，提供了污水处理系统预期处理性能的相关信息。例如，《可处理性手册》①及其相关数据库提供了超过 1 400 种污染物的处理信息。为了制定排放指南和标准而收集的信息也可以提供大量污染物和多种工业废水的处理信息。《基于水质保护的有毒污染物控制技术导则》②为确定排放限值提供了大量的统计学方面的信息和指南。

由于最佳管理实践（BMP）可以作为制定排放限值的基础，许可证编写者可以用《最

---

① USEPA (1980). *Treatability Manual, Volumes I - V.* EPA-600/8-80-042a-e. Office of Research and Development.

② USEPA (1991). *Technical Support Document for Water Quality-Based Toxics Control.* EPA-505/2-90-001. Office of Water Enforcement and Permits.

佳管理实践指导手册》[①]来识别申请企业可能适用的最佳管理实践。除此以外，许可证编写者可以参考《工业活动的暴雨管理：污染防治规划和最佳管理实践的编制》[②]来确定暴雨排放的 BPJ 限值。

**专栏 5-4 编制 BPJ 许可参考工具**

- 工业 NPDES 许可证摘要；
- 《可处理性手册》及其相关数据库；
- NPDES 最佳管理实践指南文件；

《最佳管理实践指导手册》，EPA 833-B-93-004，（美国环保局，1993）水环境办公室；《工业活动的暴雨管理》：污染防治规划和最佳管理实践的编制，EPA 832-R-92-006，（美国环保局，1992）水环境办公室。

- 《基于水质保护的有毒污染物控制技术导则》；
- 《NPDES 许可证经济可行性确定手册》；
- 针对特定企业的国家环境调查中心报告；
- 特定行业有毒污染减排评估报告；
- EPA 总部、地区、州的行业专家；
- 排放指南编制信息：
  —《清洁水法》第 308 条调查问卷
  —筛选和验证数据
  —编制说明
  —施工报告
  —试行条例
  —项目专员的意见
- 许可证服务系统数据；
- 许可证/达标文件信息：
  —以往 NPDES 申请表
  —排污监测报告
  —履行情况审核报告
- 其他媒介许可证文件[例如：《资源保护和恢复法案》（RCRA）许可证申请；防止溢出对策和控制（SPCC）规划]；
- 文献（例如：技术期刊和书籍）。

为了帮助许可证编写者区别可转换的基于技术的排放限值的许可证与其他 NPDES 许可证，EPA 编制了《NPDES 工业许可证摘要》[③]。该摘要收录了州排污许可机构和 EPA 地区办公室向不同的非市政污染源签发的 NPDES 许可证，可以帮助许可证编写者快速获取

---

① USEPA (1993). *Guidance Manual for Developing Best Management Practices. (BMPs)*. EPA-833-B-93-004. Office of Water.

② USEPA (1992). *Storm Water Management for Industrial Activities: Developing Pollution Prevention Plans and Best Management Practices*. EPA 832-R-92-006. Office of Water.

③ USEPA (1993). *NPDES Industrial Permit Abstracts 1993*. EPA-833/B-93-005. Office of Water.

标准的、相互引用的并且更易读懂的许可证信息。

如上所述，在确定有毒物质和非常规污染物的 BPJ 许可证限值时，许可证编写者必须考虑执行成本。为了帮助许可证编写者评估所需费用对于申请企业来说是否合理，EPA 拟定了《NPDES 许可证经济可行性评估工作手册》①草案，该指南文件说明了评估 BPJ 排放限值经济可行性的步骤和程序。

#### 5.1.4.3 BPJ 的统计学问题

处理设施的出水水质通常是随时间变化的，如果以时间为横坐标作图，就可得出一个典型污水处理厂的 $BOD_5$ 浓度数据逐日变化图。通过绘制频次—浓度图也可以得到 $BOD_5$ 的变化情况——大部分时间 $BOD_5$ 的浓度接近于一个平均值。任何处理系统都可以假设服从某种统计学分布（通常是对数正态分布），并且可以通过所关注指标的平均浓度值（即长期平均值）和方差（或变异系数）来描述。

一般来说，许可证限值设定为可接受处理效果的上限。根据联邦法规第 40 卷 122 章 45 节（d）款的规定，许可证限值使用两种表达方式：月平均限值、每日最大限值。这两种表达方式可以根据排污指南和所执行的水质标准进行调整。例如，瞬时最大值、日平均值和每日最大值、周平均值和月平均值都经常用于描述排放限值。通常来说，这些限值表达方式的定义同本指南术语表中的一致。

如果许可证限值中长期平均值设定得过于宽松，排污源即使没有达到预期的处理效果，也可能不会超标；如果许可证限值设定得过于严格，排污源即使达到预期的处理效果，也可能会经常超标。需要特别注意的是，排放限值指南的制定过程中已经考虑了统计学的波动，因此如果许可证的限值是从排放限值指南中得出的，许可证编写者就不需要再进行统计学方面的考虑。

在确定 BPJ 限值时，许可证编写者可以使用与 EPA 制定排放限值指南相一致的统计学方法。具体来说，每日最大限值可以用长期平均限值乘以一个日变化因子来计算。每月最大限值也可以用类似方法得出，只是变化因子是月平均值而不是每天的监测结果分布。

日变化因子是日均值在 99%置信区间的标准偏差；同样，月变化因子是 4 天均值在 95%置信区间的标准偏差。

修正的δ-对数正态分布可用于描述浓度数据，并用于计算变化因子。该分布综合考虑定性因素和定量数据进行建模。选择该分布是因为大多数分析所用数据都包括定性因素和定量数据。修正的δ-对数正态分布假设所有未检出值都等于监测限值并且符合对数正态分布。

有关 EPA 制定排放限值指南所用统计方法的更多信息，请参考《有机化学品、塑料和合成纤维类点源排放限值指南与标准的编制说明》②或《基于水质的有毒污染物控制的技术支持文档》③。

---

① USEPA (1982). *Workbook for Determining Economic Achievability for National Pollutant Discharge Elimination System Permits (DRAFT). Permits Division Prepared by Putnam,* Wayes & Bartlett, Inc.

② USEPA (1987). *Development Document for Efiluenl Limitations Guidelines and Standards for the Organic Chemicals, Plastics, and Synthetic Fibers Point Source Category. Vol. I and Vol. II.* EPA 440/i-87/009. Office of Water, Industrial Technology Division.

③ USEPA (1991). *Technical Support Document for Wafer Quality-Based Toxics Control.* EPA-505/2-90-001. Office of Water Enforcement and Permits.

## 5.2 市政污染源基于技术的排放限值

市政污水处理厂是申请个体 NPDES 许可证的主要排放源。与工业污染源的排污控制方式类似，1972 年《清洁水法》修正案要求市政污水处理厂采用可行的污水处理技术达到所要求的处理效果。《清洁水法》第 301 条要求所有的市政污水处理厂在 1977 年 7 月 1 日之前达到“二级处理”的水平。

具体来说，《清洁水法》第 301 条（b）（1）（B）款要求 EPA 依照该法案第 304 条（d）（1）款的规定，制定市政污水处理厂二级处理标准。根据这一法律要求，EPA 制定了联邦法规第 40 卷 133 节，即二级处理条例。这些基于技术的条例适用于所有市政污水处理厂，并限定了二级处理出水水质的最低水平，通过 $BOD_5$、TSS 和 pH 等指标来表征。条例对合流制污水、工业废水、废水稳定塘以及进入合流或分流制下水道的低浓度废水做了特别限定。依照《清洁水法》第 304 条（d）（4）款，条例还定义了“等效二级处理”的水平并制定了企业适用的替代标准。

### 5.2.1 二级处理

市政污水的一个显著特点就是适合使用生物方法处理。市政污水处理厂中，生物处理工艺被称作二级处理，一般接在沉淀（初级处理）之后。为了达到《清洁水法》的要求，EPA 对具有二级处理的市政污水处理厂的处理效果数据进行评估，并在此基础上确定了二级处理标准。专栏 5-5 中列出了二级处理标准。

专栏 5-5 二级处理标准

| 指标 | 30 日平均值 | 7 日平均值 |
|---|---|---|
| $BOD_5$/（mg/L） | 30 | 45 |
| TSS/（mg/L） | 30 | 45 |
| pH | 6～9（瞬时值） | — |
| 去除率 | 85% 的 $BOD_5$ 和 TSS | — |

根据联邦法规第 40 卷 122 章 45 节（f）款，许可证编写者在设置基于质量的排放限值时需综合考虑污水二级处理标准和污水处理厂设计流量两个因素。此外，许可证编写者还可以应用基于浓度的排放限值确定 30 日平均限值和 7 日平均限值。

若处理过程发生硝化作用，则以 $BOD_5$ 来衡量出水需氧量就不够可靠——硝化细菌需要大量的氧气将氮氧化物和氨氮氧化为硝酸盐。在这些情况下，许可证限值用碳的五日生化需氧量（$CBOD_5$）代替 $BOD_5$ 以消除硝化作用对排放限值的影响。因此，EPA 允许在处理条件较差的污水处理厂使用 $CBOD_5$ 限值以减少因含氮污染物的硝化作用而产生的误差。联邦法规第 40 卷 133 章 102 节（a）（4）款允许许可证编写者用 $CBOD_5$ 排放限值以替代 $BOD_5$ 限值。EPA 研究了 $CBOD_5$ 限值的应用并得出结论：25 mg/L 的 30 日 $CBOD_5$ 平均值和 40 mg/L 的 7 日 $CBOD_5$ 平均值与（30/45）的 $BOD_5$ 限值作用相当。

示例：

一个设计流量为 7 570 $m^3$/d 的市政污水处理厂可以根据二级处理标准，按照以下步骤确定其许可证限值：

基于质量的限值=设计流量×基于浓度的限值

BOD：

30 日平均值：7 570 $m^3$/d×30 mg/L=227 kg/d

7 日平均值：7 570 $m^3$/d×45 mg/L=341 kg/d

TSS：

30 日平均值：7 570 $m^3$/d×30 mg/L=227 kg/d

7 日平均值：7 570 $m^3$/d×45 mg/L=341 kg/d

pH：

即时：6～9 （瞬时值）

去除率：

30 日平均值：85%的 $BOD_5$ 和 TSS 去除率

实验室测定化学需氧量（COD）和总有机碳（TOC）能比测定 $BOD_5$ 更快更准确地测算废水中有机物的含量——前两种方法只需几个小时，而测定 $BOD_5$ 则需要 5 天。根据联邦法规第 40 卷 133 章 104 节（b）款的规定，若能建立 BOD 与 COD 或 BOD 与 TOC 之间长期稳定的相关关系，许可证编写者可以用 COD 或 TOC 检测值代替 $BOD_5$。

除了少数的例外情况，市政污水处理设施必须符合二级处理标准。联邦法规第 40 卷 133 章 103 节规定的这些例外情况如下：

- ❖ 在雨季，接纳合流制污水的污水处理厂可以选择使用雨季的月去除率。
- ❖ 对于接纳工业污水的处理厂，如果联邦法规第 40 卷 133 章中的二级处理标准对于 $BOD_5$ 和 TSS 的限定，比企业所属行业的排放限值指南中更为严格的话，可以基于下列假设调整其 $BOD_5$ 和 TSS 限值：①该污水处理厂许可证允许的排放量低于所属行业的排放限值指南中允许值；②含有工业污染物的污水负荷超出市政污水处理厂设计负荷的 10%。
- ❖ 采用稳定塘作为二级处理主体工艺的污水处理厂，其运行和维护数据表明 TSS 值无法达到等效二级处理标准中的规定（将在 5.2.2 节中讨论），可以提高其最小 TSS 限值而放宽要求。
- ❖ 接纳分流制排污系统中较低浓度废水的污水处理厂，在以下情况中可以降低其去除率限值或者设定质量负荷限值：①由于原水浓度较低，致使该设施可以持续满足许可浓度限值却无法达到去除率限值的情况；②该污水处理厂被要求达到比基于浓度的标准更为严格的排放限值；③原水浓度低不是由渗流水（infiltration/inflow，I/I）[①] 稀释造成的情况。

  [注：界定渗流水（I/I）是否过量时需要注意：①联邦法规第 40 卷 35 章 2005 节（b）（16）款中规定，过量渗流水水量的确定是通过费用效益分析后考虑其经济可行性得到的，其减排效益应与减少渗流水量的工程成本相当，即运输、处理渗流水的处理成本；②如果进入市政污水处理厂的总流量（即废水量加渗流水量）每天每人小于 1 $m^3$，则 I/I 值不过量。]

① 译者注：infiltration 一般指由于各种原因渗漏进污水管道的地下水、雨水或其他水源；inflow 一般指管道内部原本的污水。在美国的相关规定中，一定量的渗流水是可以接受的，界定这个量的比例即 I/I。

❖ 旱季接纳合流制排污系统中低浓度污水的污水处理厂，可以基于以下假设降低其去除率限值或者设定负荷限值：①由于原水浓度较低，致使该设施可以持续满足许可浓度限值却无法达到去除率限值的情况；②该污水处理厂被要求达到比基于浓度的标准更为严格的排放限值；③雨季污水浓度较低不是由过量渗流水或工业企业排放的清水稀释而造成的。如果废水浓度较低的原因是工业企业排放的清水，污水处理设施必须按照联邦法规第 40 卷 403 章的要求控制这部分排放。

[注：界定过量渗流水要注意以下两点：①联邦法规第 40 卷 35 章 2005 节（b）（28）款规定，“过量渗流水量”是指每人每天的流量少于 0.45 $m^3$（生活用水流量和渗透量），或根据成本效益分析不能经济有效地从排污系统中消除的渗透量；②在天气干燥条件下渗流量的临界值为每人每天 0.15 $m^3$ 或每毫米直径的污水管网每公里 0.17 $m^3$。]

该 NPDES 条例还规定排海污水可以不需要遵守二级处理标准的情形。在这些情况下，市政污水处理厂必须按照联邦法规第 40 卷 125 章 G 子部分的要求修订排海污水的排放标准。关于排海污水排放标准的具体差别参见本指南 10.1.3 节。

### 5.2.2 等效二级处理

二级处理标准颁布的立法过程表明，美国国会已经意识到 EPA 还没有“认可”某些能有效减少二级处理过程中的 $BOD_5$ 和 SS 的生物处理技术。因此，为了防止建设不必要的昂贵的新处理设施，国会在 1981 年修订的《建设补助法令》（第 23 节 Pub.L.97-1471）中要求 EPA 对可替代现有技术的生物处理技术提供补助，包括生物滤池或污水稳定塘。按照该法令，“二级处理”的定义在 1984 年 9 月 20 日和 1985 年 6 月 3 日分别进行了修订，并将修订后的二级处理标准纳入联邦法规第 40 卷 133 章 105 条。这些条例允许采用生物滤池或污水稳定塘的污水处理设施使用替代限值，以满足“等效二级处理”的要求。这次条例修订所基于的一些重要概念包括：

❖ 能够显著减少 $BOD_5$ 和 TSS 但始终不能达到二级处理水平的某些生物处理设施，应区别于二级处理设施进行单独界定；

❖ 等效二级处理设施费用低且更容易操作，因此可在较小的社区中使用，EPA 制定的规定要尽可能有利于这些技术的持续利用；

❖ 用于确定等效二级处理基于技术的排放限值的方法应与二级处理的相同；

❖ 等效二级处理设施的应用不能对水质产生不利影响；

❖ 等效设施运行良好时，污水处理厂应避免费用昂贵的工艺升级改造（如已达到其最初设计的处理水平）；

❖ 由于地理、气候或季节条件引起处理设施运行情况的变化，应当在规定中注明。

认识到上述因素后，等效二级处理定义的修订会改变一些市政污水处理厂对二级处理的传统定义。对单个污水处理厂的处理能力和效果进行评估后，许可证编写者在该厂可能达到的范围内确定排放限值。虽然这一概念已用于工业设施，但总体来说并没有应用于市政排污许可证（临时许可证限值除外）。

能够采用等效二级处理限值的市政污水处理厂必须满足以下所有条件：

❖ 主体处理工艺必须是生物滤池或污水稳定塘，即 $BOD_5$ 和 TSS 主要是由生物滤池或污水稳定塘去除的；

❖ 即使操作和维护适当，但出水的 $BOD_5$ 和 TSS 仍然在 30 mg/L 以上；
❖ 等效二级处理设施的排污不会对水体水质产生不利影响；
❖ 采用生物处理的污水处理厂，其 $BOD_5$ 的去除率始终在 65%以上（30 日平均值）。

如果污水处理厂在运行过程中超出设计的水力负荷限值或有机负荷限值，则视为不合格。如果是由于超负荷运行或结构性缺陷导致其处理效果不佳，那么解决该问题的方案应当是建设新的污水处理设施，而非调整排放限值。在将等效二级处理条例应用于特定的市政许可证时，有如下几个重要的问题需要讨论。

#### 5.2.2.1　新建处理设施的限值

联邦法规 40 卷 133 章 105 节（f）款规定，若分析表明新建污水处理厂可以达到二级处理的效果，许可证授权机构必须为其设定比等效二级处理最大限值（45/45）更严格的限值。近期，许多生物滤池新技术可提高其处理效果，如加盖的固体接触渠。这种情况造成了旧的生物滤池和目前最先进的滤池在处理效果上的差异。该法规承认这种差异，并鼓励各州基于该州目前实际应用情况，为新型生物滤池确定单独的限值。在无法取得州内新型生物滤池处理效果数据时，分析同类污水处理厂数据是确定许可证限值的首选方法。如果没有同类污水处理厂的分析数据，可以参照有关文献。

#### 5.2.2.2　等效二级处理设施许可证限值的计算

在大多数情况下，按照法规等效二级处理设施的许可证限值可在以下范围中选取：$BOD_5$ 和 TSS 的月平均值范围在 30～45 mg/L，周平均值范围在 45～65 mg/L。显然，并非所有的许可证都可以将月平均值和周平均值的最大值设为 45 mg/L 和 65 mg/L，限值的选取应参照过去至少两年的处理效果数据。

污水处理厂运行数据出现错误值时，如果主要原因不是操作或维护管理不善，而是由于污水处理厂运行不稳定或者其他情况导致的，则需要对许可限值计算结果进行修正。出现有问题的数据时，删除无效数据后进行校正，并用剩余数据重新计算月平均值。另外一个方法是分析两年以上的月平均值，舍去因上述运行不稳定等原因而出现的错误月平均值。排放监测报告（Discharge Monitoring Report，DMR）的数据应当随时可用于计算。该 DMR 必须支持许可证编写者关于等效二级设施的决定。应当指出的是，提供处理效果数据与示范操作运行维护都是市政府的职责。

在污水处理厂中生物滤池或氧化塘往往会与其他生物处理工艺串联使用，例如活性污泥工艺。在这种情况下，如果生物滤池或氧化塘能够达到等效二级处理的限值，则该污水处理厂的许可证限值可以采用等效二级处理限值和常规二级处理限值的平均值。为了实现这一点，应采用两个排污浓度限值的流量加权平均作为排污口的限值。当然，还可选择另一种替代方法：依照联邦法规第 40 卷 122 章 45 节（h）款规定，为每个生物处理工艺的出水口设定内部排放限值。在适当情况下，许可证编写者可以通过采用适当的等效二级限值鼓励继续使用现有的生物滤池或氧化塘。然而，许可证编写者必须确保这些设施能够满足所提出的限值，并且不会在许可证限值进行调整之前影响出水水质。如果不能确定这一点，在许可证中不能使用等效二级限值。

### 5.2.2.3 州替代要求

联邦法规第 40 卷 133 章 105 节（d）款提及的州替代要求（The Alternative State Requirement，ASR）规定，在 $BOD_5$ 月平均最大值为 45 mg/L、周平均最大值为 65 mg/L 以及氧化塘出水总悬浮固体（TSS）满足特定要求的基础上，允许各州灵活地设定许可证限值。联邦法规第 40 卷 133 章 103 条（c）款中对氧化塘出水悬浮固体的限值要求已经在 45 mg/L 以上，除非该州期望有更高的限值，否则没有必要再设定州替代要求。要设定州替代要求，州必须做到以下两点：

- ❖ 确定一组等效处理设施，使其各个限值超过联邦法规第 40 卷第 133 章规定的等效二级处理限值；
- ❖ 证明这些设施可以设定更高的许可证限值。

可以根据气候、地理位置、所用技术类型或任何其他原因选择一组处理设施。但该组设施的数据必须在统计意义上合理，并按照 EPA 颁布的《基于水质的有毒污染物控制的技术支持文档》[①]中的方法分析。州替代要求必须经 EPA 区域办公室许可，其数值才能用于确定许可证限值。州有义务使公众了解拟提议的州替代要求。EPA 已在 1984 年 9 月 20 日的第 49 号联邦条例 37005（49FR37005）中发布了经许可的州替代要求。专栏 5-6 汇总了当时各州的州替代要求。

### 5.2.2.4 碳生化需氧量限值

EPA 发现在很多案例中碳生化需氧量（CBOD）监测可以提供有关污水处理厂处理性能效果的准确信息。然而，CBOD 许可的使用应集中于存在或可能存在硝化作用的处理设施，如未满负荷运转的设施和停留时间较长的新建设施。这些条件有利于硝化细菌的生长并可能导致 $BOD_5$ 监测结果误差。

联邦法规第 40 卷 133 章 105 节（e）款中的等效二级处理条例允许在市政许可证中选择使用 CBOD 限值和测定程序替代 $BOD_5$ 标准，这种替代由许可证管理机构自行决定。要确定等效二级处理设施的 CBOD 限值，许可证管理机构必须有数据证明硝化细菌存在于污水处理厂中并显著影响了 BOD 测试结果。没有必要广泛采用 $BOD_5$/ CBOD 比，因为实际 CBOD 限值是通过 $BOD_5$ 限值确定的：①可以通过适当的操作和维护达到制定的 $BOD_5$ 限值；②如果 $BOD_5$ 限值在 30～45 mg/L，CBOD 限值要比 $BOD_5$ 少 5 个数量单位，如 25～40 mg/L。

联邦法规第 40 卷 136 节中 EPA 认可的测定程序包括 CBOD（氮抑制）测定程序，可以应用于任何市政许可证。然而，当 $BOD_5$ 在 30～45 mg/L 范围以外时，$BOD_5$ 与 CBOD 的关系并不成立。如果 CBOD 限值被用于高于 45 mg/L（$BOD_5$）的等效二级处理许可证，$BOD_5$ 与 CBOD 的关系应该在州替代要求制定过程中确立。若 $BOD_5$ 与 CBOD 的平行测试数据有效，则应与州替代要求的提议一起提交到 EPA 区域办公室申请批准。对于许可证 $BOD_5$ 限值低于 30 mg/L 的情况，相应的 CBOD 限值应该在先进处理技术审查或排污负荷分配过程中确定。如果内流硝化作用或氨的毒性问题显著，许可证中 CBOD 限值不能代替氮或氨的限值。

---

① USEPA (1991). *Technical Support Document for Water Quality-Based Toxics Control.* EPA-50512-90-001. Officeof Water Enforcement and Permits.

专栏 5-6　各州的州替代要求

| 地点 | TSS 替代限值（30 日平均值）/（mg/L） | 地点 | TSS 替代限值（30 日平均值）/（mg/L） |
|---|---|---|---|
| 亚拉巴马州 | 90 | 内布拉斯加州 | 80 |
| 阿拉斯加州 | 70 | 北卡罗来纳州 | 90 |
| 亚利桑那州 | 90 | 北达科他州 | |
| 阿肯色州 | 90 | 　密苏里河东部和北部 | 60 |
| 加利福尼亚州 | 95 | 　密苏里河西部和南部 | 100 |
| 科罗拉多州 | | 内华达州 | 90 |
| 　曝气池 | 75 | 新罕布什尔州 | 45 |
| 　其他 | 105 | 新泽西州 | 无 |
| 康涅狄格州 | 无 | 新墨西哥州 | 90 |
| 特拉华州 | 无 | 纽约州 | 70 |
| 哥伦比亚特区 | 无 | 俄亥俄州 | 65 |
| 佛罗里达州 | 无 | 俄克拉荷马州 | 90 |
| 佐治亚州 | 90 | 俄勒冈州 | |
| 关岛 | 无 | 　喀斯喀特山脉东部 | 85 |
| 夏威夷州 | 无 | 　喀斯喀特山脉西部 | 50 |
| 爱达荷州 | 无 | 宾夕法尼亚州 | 无 |
| 伊利诺伊州 | 37 | 波多黎各州 | 无 |
| 印第安纳州 | 70 | 罗得岛 | 45 |
| 艾奥瓦州 | | 南卡罗来纳州 | 90 |
| 　控制排放口，3 个排放单元 | 具体案例具体分析，但不超过 80 | 南达科他州 | 120 |
| 　其他 | 80 | 田纳西州 | 100 |
| 堪萨斯州 | 80 | 得克萨斯州 | 90 |
| 肯塔基州 | 无 | 犹他州 | 无 |
| 路易斯安那州 | 90 | 佛蒙特州 | 55 |
| 缅因州 | 45 | 弗吉尼亚州 | |
| 马里兰州 | 90 | 　蓝岭山脉东部 | 60 |
| 马萨诸塞州 | 无 | 　蓝岭山脉西部 | 78 |
| 密歇根州：<br>　受控制的季节性排放 | | 　东部坡上郡：劳登郡、福基尔郡、拉帕汉诺克郡、麦迪逊郡、格林郡、雅宝郡、尼尔森郡、阿莫斯特郡、贝德福德郡、富兰克林郡、帕特里克郡 | 应用 60/78 限值，具体案例具体分析 |
| 　夏天 | 70 | 维尔京群岛 | 无 |
| 　冬天 | 40 | 华盛顿州 | 75 |
| 明尼苏达州 | 无 | 西弗吉尼亚州 | 80 |
| 密西西比州 | 90 | 威斯康星州 | 80 |
| 密苏里州 | 80 | 怀俄明州 | 100 |
| 蒙大拿州 | 100 | 马里亚纳群岛及其他领土 | 无 |

# 第6章　基于水质的排放限值

许可证编写者必须考虑到所有排入地表水的污水对受纳水体水质的影响。州水质标准规定了水体水质应该达到的水平。许可证编写者通过分析污水对水质的影响，可能发现基于技术的许可证排放标准并不能完全满足水质标准的要求。在这种情况下，《清洁水法》和美国环保局（Environment Protection Agency，EPA）的相关法规要求污染源设定更加严格的、基于水质的排放限值（Water Quality-Based Effluent Limit，WQBEL），确保受纳水体达到水质标准。为了制定有效的WQBEL，许可证编写者必须非常熟悉州水质标准，便于分析污水对水质的影响和制定基于水质的排放限值的程序。本章初步探讨了上述有关基于水质的排放限值的基本问题。若需要进一步深入了解WQBEL排放许可，请参考《基于水质的有毒污染物控制技术支持手册（TSD）》[①]或州/地区的相关资料。

## 6.1　水质标准综述

基于水质的排放限值需要根据污染排放的具体地点对排污和对水质的影响进行评估。WQBEL旨在通过确保受纳水体满足州的水质标准，保护受纳水体的水质。要了解如何制定WQBEL，许可证编写者必须先了解州水质标准和水质目标。

《清洁水法》第303条（c）款要求每个州为州内所有水体或河段制定适当的水质标准。EPA必须对各州制定的标准给出是否通过的审核意见。水质标准应：①包括保持和修复州内水体的物理、化学特性以及生物完整性的条款；②能保障当地水质可满足鱼类、贝类及其他野生生物生存和繁衍，或人类水中和水上娱乐活动（可垂钓、可游泳）的要求；③考虑州内水体的各类用途和价值，例如公共供水、鱼类和野生生物的繁衍、娱乐、农业、工业、航运等。目前，法规要求各州至少每3年对现行的水质标准进行一次审核，并在必要时对其进行修订。若想更多地了解水质标准的制定程序，请参考联邦法规第40卷131章的EPA的水质标准法规以及《水质标准手册（第二版）》[②]。

根据《清洁水法》第510条的规定，各州制定的水质标准可以比联邦水质标准法规的要求更严格。在这种情况下，EPA需要对州采纳的水质标准进行审核，并给出明确的审核意见。审核的目的是确保州水质标准符合《清洁水法》和水质标准法规的要求。在州水质标准未达到《清洁水法》要求时，EPA会颁布新标准或对已有的标准进行修订。

---

① USEPA (1991). *Technical Support Document for Water Quality-Based Toxics Control.* EPA- 505/2-90-001.Office of Water Enforcement and Permits.

② USEPA (1994). *Water Quality Standards Handbook: Second Edition.*EPA 823-B-94-005a. Office of Water.

### 6.1.1　水质标准的内容

水质标准包括以下 3 部分内容：

- ❖　用途分类；
- ❖　定量和（或）定性的水质基准；
- ❖　反退化政策。

这些组成部分的具体内容如下所述。

#### 6.1.1.1　用途分类

州水质标准的第一部分对水体进行了分类，分类的依据是水体预期的使用功能。《清洁水法》描述了各类需要保护的水体及其预期实现的功能。这些功能包括公众供水、娱乐、鱼类和野生生物的繁衍等。各州可自由制定更细的功能用途（如冷水水生生物栖息地、农业等），或设计一些《清洁水法》中未提及的用途。但需要注意的是，各州不能将废弃物的运输和排放作为指定水体功能[详见联邦法规第 40 卷 131 章 10 节（a）款]。在条件允许时，水体需要具备《清洁水法》第 101 条（a）（2）款中规定的“可垂钓、可游泳”功能。然而并不是所有的水体都可以拥有这项功能，这就要求各州分析水体功能的可行性。根据联邦法规第 40 卷 131 章 10 节（j）款的要求，在以下情形各州需要执行水体功能的可行性分析：①法规并未指定“可垂钓、可游泳”用途的水体；②意欲去掉“可垂钓、可游泳”用途的水体；③意欲降低水质基准、采用部分“可垂钓、可游泳”功能要求的水体。功能的可行性分析是一项科学的评估体系，决定水质能否达到使用要求的影响因素是其评估的对象。根据联邦法规第 40 卷 131 章 10 节的规定，此分析可包括物理、化学、生物和经济的因素。

#### 6.1.1.2　定量和（或）定性的水质基准

州水质标准的第二部分则介绍了为满足水体各项使用功能所必需的水质基准。根据《清洁水法》第 303 条（a）—（c）款中的要求，各州采取的基准须能够充分保护州内水体的使用功能。这些基准可以表示为定量和（或）定性的。《清洁水法》要求各州为特定的有毒污染物制定定量基准，以保护水体使用功能。EPA 的水质标准法规鼓励各州针对某项污染物同时制定定量和定性的水质基准。本指南的第 6.1.2 节建立了更多定量基准和定性基准的内容。

#### 6.1.1.3　反退化政策

州水质标准的第三部分是州内施行的反退化政策。各州都要根据 EPA 反退化法规（40 CFR 131.12），制定本州适用的反退化政策，并确定政策执行的措施和手段。为了避免水质退化，反退化政策对水体提供了 3 种等级的保护措施：

- ❖　等级 1：保护水体的现有功能，并为州内所有水体提供唯一的最低水质标准。河道内用水的现有功能指以下两类：一类是从 1975 年 11 月 28 日 EPA 首次出台水质标准法规起已实现的功能，另一类是现有水质在不受底质和水流搅动等物理干扰的情况下能够满足的功能。

❖ 等级 2：当水体水质已经优于鱼类、贝类和野生生物繁殖和人类水中和水上的娱乐活动所需的水质时，也必须维持和保护现有的水质，不可使之恶化。只有在通过了反退化审核的条件下，等级 2 中规定的水体水质才可以酌情降低。反退化审核的内容包括：①研究发现有必要支持水体所在区域的社会和经济发展；②完全满足政府间合作协议和公众参与的规定；③确保点源排放达到法规条令的要求，面源污染达到最佳管理实践的要求。需要注意的是，降低标准后的水质仍需要满足“可垂钓、可游泳”以及其他已有功能对水质的要求。

❖ 等级 3：保护重要国家资源，如国家或州公园和野生动物保护区的水体，以及具有重要娱乐或生态价值的水体。该等级要求不能有会导致水质恶化的新建污染源排入这些水体及其支流（一些导致临时或短期水质变化的有限制的排放行为除外）。水质标准的其他内容详见《水质标准手册（第二版）》①。

### 6.1.2 水质基准的制定

水质基准一方面限定了单一污染物或指标在环境中存在的水平，另一方面描述了满足水体所有指定功能的水质状况。制定水质基准的目的在于保护水生生物和人类的健康，或者保护野生生物免受污染物的毒害。《清洁水法》第 304 条（a）款中要求 EPA 公布水质基准指南，各州可以通过参考该指南，结合本州的实际情况制定州水质标准。水质基准（或指南）包括以下 3 个部分：

❖ 量级——所允许的污染物水平（或污染物指标），通常用浓度表示；

❖ 时间——为了与基准浓度进行比较，在一段时间（平均期限）范围内，对河流浓度进行平均；

❖ 频次——允许超标的频率。

EPA 在制定水质基准时，主要关注《清洁水法》第 307 条（a）款中列出的 65 种主要污染物，其中一些污染物是由多种化学物质组成的一类有机化合物。EPA 根据这 65 种污染物重新拟定了一份 129 种优先控制的有毒污染物名单，之后又删除了两种易挥发的化学物质和一种不稳定的水污染物。因此，目前名单中保留了 126 种优先有毒污染物：EPA 采用单独文件的方式记录了各种优先有毒污染物的限定基准，并汇总成《水质基准 1986》②，也就是通常所说的“金皮书”。

#### 6.1.2.1 定量基准

水质定量基准可以是等级、成分浓度和毒性（见下文污水毒性的讨论）等，也可以是保护水体指定功能所必须达到的一些指标。这些基准是形成国家污染物排放削减体系（National Pollutant Discharge Elimination System，NPDES）基于水质的排放限值的基础，同时也可以用于评价和管理面源污染。1987 年，美国国会通过实行《清洁水法》第 303 条（c）（2）（B）款中的规定，提高了《清洁水法》中关于有毒污染物的定量基准。这些法案要求州政府对列入 EPA 水质基准指南且其排放可能干扰水体指定功能的

---

① USEPA (1994). *Water Quality Standards Handbook: Second Edition.*EPA 823-B-94-005a. Office of Water.

② USEPA (1986). *Quality Criteria for Water, 1986.* EPA-440/5-86-001. Office of Water Regulations and Standards.

126 种优先有毒污染物建立定量基准。州政府可以根据 EPA 的水质基准指南建立定量基准，并根据具体情况对基准进行调整以反映当地的实际情况，或提出其他科学的应对方法。

为了保护淡水和咸水水生生物，EPA 标准不但考虑了污染物短期（急性）的影响，还考虑了长期（慢性）的影响。下面的示例介绍了目前 EPA 规定的镉（Cd）含量的基准。

**示例：**水生生物

根据美国国家定量水质基准制定指南，除水体中存在水质敏感型生物的情况外，要使水体中水生生物及其用途不受到 Cd 的污染，该水体的 Cd 水质基准（单位为μg/L）为：

四日平均浓度每三年仅可超过限值一次，按照公式 $e^{[0.7852\times(\ln(\text{硬度})-3.490)]}$计算限值；

一小时平均浓度均值每三年仅可超过限值一次，按照公式 $e^{[1.128\times(\ln(\text{硬度})-3.828)]}$计算限值。

例如，在硬度为 50 mg-$CaCO_3$/L、100 mg-$CaCO_3$/L 和 200 mg-$CaCO_3$/L 的条件下，Cd 的四天平均浓度限值分别为 0.66 μg/L、1.1 μg/L 和 2.0 μg/L；一小时平均浓度限值分别为 1.8 μg/L、3.9 μg/L 和 8.6 μg/L。经过测试在该基准下，如果溪红点鲑、棕鳟和条纹鲈的敏感性如实验数据显示，那么按照上述基准这些鱼种无法得到有效保护。

人体健康基准是为了保护人体在饮用水、食用鱼类或其他水生生物（如蚌类、蟹类）时避免受到毒性影响而设计的。下面以镉（Cd）为例，介绍了 EPA 规定的人体健康保护基准。

**示例：**人体健康

关于 Cd 的环境水质基准建议与现有的饮用水水质标准相同，为 10 μg/L。通过毒性试验可以得出 Cd 的污染限值。在该限值以下，人类健康不会因为饮用被 Cd 污染的水或食用体内含 Cd 的水生生物而受到影响。计算得到的限值应该与现行的标准具有一定的可比性。利用该方法计算水中 Cd 的污染限值时，就不考虑根据 6.5 g 的水生生物食用量算得的结果了。

#### 6.1.2.2　定性基准

对于有毒物质，所有州都采用定性基准来补充说明定量基准。定性基准主要描述期望达到的水质。有关定性基准的示例详见后文。州政府未规定某些污染物的定量基准，在该情况下可以采用定性基准。在环境中毒性无法明确来源时，可采用定性基准限制环境中的毒性。EPA 的水质标准法规要求州政府为定性基准制定实施程序，目的是通过各种机制达到定性水质基准的要求。

### 6.1.3　水质标准的发展方向

水质标准的制定是不断发展和完善的，任何一部相关的新法规和政策的出台，都会影响水质标准的制定。例如，生物基准、沉积物基准和野生生物基准就属于标准制定的新领域。

- ❖ 生物基准——EPA 正制定定量基准和定性基准。这些基准描述了在未受污染的水体中可能出现的完整的生物群落。这些生物群落指示水体能够实现的最佳栖息地功能。根据 EPA 的政策，各州应在各自的水质标准中制定并实施生物基准。
- ❖ 沉积物基准——有毒物质长期沉积在水体底质中，有可能重新被释放进入水体从而影响水质。EPA 针对 5 类有机物提出了沉积物基准：菲、荧蒽、狄氏剂、苊和异狄氏剂（59 FR 2652；1/18/94）。EPA 也将对重金属提出沉积物基准，并着手为沉积物基准的实施制定指南导则。
- ❖ 野生生物的基准——EPA 正在开展一项计划来建立定量野生生物基准，其目的在于规定某些化学品的环境浓度，从而避免哺乳动物和鸟类因食用含有这些化学物质的食物和饮水而受到负面影响。

## 6.2 水质标准的制定方法

控制有毒物质的排放是《清洁水法》的一个重要目标。为了有效地实现这一目标，EPA 建议以综合的方法来达到水质标准和制定基于水质的排放限值（WQBEL），包括化学法、污水综合毒性法及生物基准或生物评价法。下文对这 3 种方法进行简要的介绍，专栏 6-1 归纳了这 3 种方法的优缺点。

专栏 6-1 基于水质的有毒污染物综合控制方法

| 控制方法 | 优点 | 缺点 |
| --- | --- | --- |
| 化学法 | • 人体健康保护<br>• 完整的毒理学分析<br>• 处理方式简易直接<br>• 明确污染物的迁移转化<br>• 如果仅存在少数有毒污染物时，处理成本较低 | • 不能考虑所有的有毒物质<br>• 不能计量生物毒性<br>• 不能考虑混合物（包括添加剂）的相互作用<br>• 完全检测费用高<br>• 直接的生物损失无法测量 |
| 污水综合毒性法 | • 可检测累积毒性<br>• 可处理未知的毒物<br>• 可量化生物可利用度<br>• 防止急性毒性试验的影响 | • 无直接的人体健康保护<br>• 不完全的毒理分析（只能检测到很少的污染物种类）<br>• 不能直接处理<br>• 无持续或沉积物覆盖分析<br>• 环境条件不同<br>• 不完全了解致病毒物 |
| 生物评价法 | • 评估受纳水体的影响<br>• 历史趋向分析<br>• 可评估水质优于标准的水体<br>• 可分析所有污染物包括未知物质的综合毒性 | • 不能评价流动状态的影响<br>• 难以解释影响<br>• 无法明确影响的来源<br>• 无法明确不同污染源产生的影响<br>• 当污染已经发生才可进行该项分析<br>• 无直接的人体健康保护 |

### 6.2.1　化学法

化学法是运用州水质标准中的化学基准来保护水生生物、人类健康和野生动物不受污染物影响的方法。州水质标准中的化学基准是分析污水成分、决定哪些污染物需要被控制以及制定能实现水质目标的许可排放限值的主要依据。

NPDES 许可证中 WQBEL 的制定需要根据实际情况对污染物的排放及其对受纳水体的影响进行评估。这种方法可在水质受影响前对各项化学物质进行控制，或使水质恢复到满足水体指定功能的水平。

### 6.2.2　污水综合毒性法

污水综合毒性（Whole Effluent Toxicity，WET）法作为基于水质控制有毒物质浓度的第二种方法，其目的是避免受纳水体水质受到污水中混合污染物累积毒性的影响。WET 试验是用来衡量受试水生生物暴露在污水中的反应程度。WET 法适用于无法识别和管理的所有有毒污染物的排放限值的制定；或者适用于虽然有化学基准限值，但存在多种污染物协同毒性效应的排放限值的制定。许可证编写者可以利用 WET 法制定适用于所有联邦水体的定性基准(“有毒污染物达到致毒剂量却无毒性反应”)。许可证编写者也可利用 WET 法设定有毒物质的定量基准（见下文有关急性毒性试验和慢性毒性试验的介绍）。

有两种类型的 WET 试验：急性毒性试验和慢性毒性试验。急性毒性试验通常是在较短的时间内（如 48 h）完成，并且其结果是受试体死亡率。常用 $LC_{50}$（半致死浓度）作为急性毒性试验的衡量指标。慢性毒性试验通常是需要较长的时间（如 7 天）完成，主要观察受试体的死亡数量和亚死亡症状，例如生物在生长和繁殖方面的变化。慢性毒性效应经常采用无影响浓度（NOEC）、最低影响浓度（LOEC）和抑制浓度（IC）作为衡量指标。NOEC 是对水生受试生物不产生不利影响的最大污染物浓度；LOEC 是可以对生物体产生毒性效应的最低浓度；IC 是导致受试生物体的生物指标下降一定百分率的污水浓度的估计。

为了准确表述基准、便于建模及许可限值的表示，EPA 建议用毒性单位（TU）来表征毒性。毒性单位是 WET 试验结果的倒数。毒性用百分数表示，用 1 除以毒性则可得到毒性单位。

**示例：**

如果慢性毒性试验的 NOEC 结果是 25%，就可以表述为 100/25 或 4.0 慢性毒性单位（4.0 TUc）。如果急性毒性试验的 $LC_{50}$ 结果是 60%，就可以表述为 100/60 或 1.7 急性毒性单位（1.7 TUa）。

区分急性毒性试验的毒性单位（TUa）和慢性毒性试验的毒性单位（TUc）是非常重要的。TUa 和 TUc 的差别就像里和公里之间的差别。因此，为了比较 TUa 和 TUc，就产生了急性-慢性转换率（ACR）。如果计算 ACR 的数据不够充分（例如，WET 试验数据小于 10 组的情况下），EPA 建议取 ACR 的缺省值 10。当数据足够充分时，ACR 可以通过计算各组急性和慢性毒性试验的 ACR 平均值获得。下面的例子表明：①如何运用 ACR 将 TUa 转化成 TUc；②如何根据现有的数据计算 ACR；③如何利用 ACR 对 TUa 和 TUc 进行比较。

急性-慢性转换公式：

$$ACR = \frac{\text{Acute Endpoint}}{\text{Chronic Endpoint}} = \frac{LC_{50}}{NOEC}$$

根据定义，$TUa = \frac{100}{LC_{50}}$；$TUc = \frac{100}{NOEC}$

所以：$LC_{50} = \frac{100}{TUa}$；$NOEC = \frac{100}{TUc}$

将以上各式代入公式得：

$$ACR = \frac{LC_{50}}{NOEC} = \frac{(100/TUa)}{(100/TUc)} = \frac{TUc}{TUa}$$

示例 1：假设：$LC_{50}$=28%，NOEC=10%

$$ACR = \frac{TUc}{TUa} = \frac{28\%}{10\%} = 2.8$$

示例 2：假设：TUc=10.0，TUa=3.6

$$ACR = \frac{TUc}{TUa} = \frac{10.0}{3.6} = 2.8$$

**示例：**

市政污水处理厂排放废水的毒性数据检测报告（C. dubia）：

| | $LC_{50}$ / %污水 | NOEC /%污水 | 急性-慢性转换率* /%ACR |
|---|---|---|---|
| | 62 | 10 | 6.2 |
| | 18 | 10 | 1.8 |
| | 68 | 25 | 2.7 |
| | 61 | 10 | 6.1 |
| | 63 | 25 | 2.5 |
| | 70 | 5 | 2.8 |
| | 17 | 5 | 3.4 |
| | 35 | 10 | 3.5 |
| | 35 | 10 | 3.5 |
| | 35 | 25 | 1.4 |
| | 47 | 10 | 4.7 |
| 平均： | 46 | 15 | 3.5 |

注：*急性-慢性转换率为计算值。

示例：

纳污总量分配（WLA）=废水中可以满足国家水质基准的毒性水平（计算值）

急性 WLA = 1.5 TUa

慢性 WLA = 4.9 TUc

因为 TUc 和 TUa 是两种不同的毒性单位，我们可以用 ACR 实现 TUa 和 TUc 之间的转化。假设 ACR 为 10（缺省值）。

TUa ×ACR ＝ TUa，c（以慢性毒性单位表示急性毒性试验）

1.5TUa ×10 ＝15 TUa，c

由于 4.9TUc<15TUa，c，所以慢性 WLA（4.9TUc）比急性 WLA（1.5TUa）更严格，于是 4.9TUc 被用来作为许可限值。

我们利用 ACR 系数，可以直接对慢性 WLA（4.9TUc）和急性 WLA（1.5TUa）进行比较，当 ACR 为 10 时，1.5TUa 可以表述为 15TUa，c，4.9TUc 要比 15TUa，c 毒性低（以慢性毒性单位表示急性毒性试验）。许可限值通常取更严格的数值。因此，最合适的浓度应该是同时满足急性毒性试验和慢性毒性试验，为 4.9TUc。

### 6.2.3 生物基准或生物评价法

生物基准或生物评价法是以水质为基础进行有毒物质控制的第三种方法。该方法可用来评价整个水体的生物完整性。生物基准是在一定的水生环境条件下，用来说明具有一定涵养水生生物功能水体中生物群落完整性的定量或定性基准。当纳入州水质标准时，生物基准和水生生物用途可以直接作为合法的衡量水生生物用途的指标。一旦生物标准制定实施，水体生物的状况可以通过生物评价等来判定。生物评价法采用生物调查和其他直接监测方法来测定表层水体生物群落数量，以此判定水体生物环境状况。生物调查包括收集、处理和分析水生群落中代表群体的状况，从而分析整个水生群落的结构和功能。生物调查的结果可与参考水体进行对比，从而判定调查水体是否满足指定功能的生物基准。

EPA 针对这种方法发布了《生物基准：国家地表水管理导则》①。为了完全保护水质，EPA 通过“独立使用”的概念来描述三种制定实施水质标准方法之间的关系。独立使用要求每种方法的结果不应该与其他方法的结论矛盾或推翻其他方法的结论。独立使用表明每种方法都有其独立的或重叠的属性和应用。因此，没有哪种方法可以被认为是完全优于其他方法的。例如，仅采用生物评价法来检测受纳水体受到的影响是不够的，不能因此否定或放宽通过化学法或 WET 法确定的排放许可限值。

## 6.3 执行基于水质的排放限值必要性分析

一旦确定水体的指定用途和水质基准，许可证编写者必须保证污染源的排污量不能超

① USEPA(1990).*Biological Criteria: National Program Guidance for Surface Waters*. EPA-4401 5-91-004.Office of Science and Technology.

过这些基准。如果应用了基于技术的排放限值后，许可证编写者发现点污染源的排放可能超过执行标准，那么就需要提出基于水质的排放标准。EPA 在联邦法规第 40 卷 122 章 44 节（d）款中规定，许可机构在为废水排放单位颁发许可证时，需要判定是否有必要在许可证中加入基于水质的排放标准。

### 6.3.1 潜在超标风险的评估

在判定是否有必要在许可证中加入基于水质的排放标准时，许可证编写者必须明确申请单位的污水排放是否已经导致或可能导致水质恶化，或其污水水质是否超出了定量或定性的水质基准。EPA 在联邦法规第 40 卷 122 章 44 节（d）(1) 款中确定了污水水质是否超出了定量或定性水质基准的判定基础。这是许可证编写者在每次发放许可证时必须要进行的判定，如果判定结果显示有必要，则需要确定基于水质的排放标准以控制污染物排放量。

#### 6.3.1.1 潜在污染和定量基准

当许可证编写者参照水质标准中某种污染物的定量基准，通过水质分析来判定设立 WQBEL 是否有必要时，需要预测该污染物排入受纳水体后的浓度。如果某种污染物的预测浓度超过了水体执行的定量水质基准，那么该污染物的排放很有可能导致受纳水体超出适用的水质标准，此时许可证编写者需要制定基于水质的排放标准。

如果一个州执行 WET 法的定量基准，许可证编写者必须预测污水排入受纳水体后可能的毒性。之后许可证编写者需要将受纳水体的预测毒性与适用的州水质基准作比较。如果预测毒性超过了适用的 WET 法定量水质基准，那么污水排放很可能导致受纳水体超出适用的水质标准，这种情况下许可证编写者必须制定基于水质的排放标准。

#### 6.3.1.2 潜在污染和定性基准

如果许可证编写者确定许可证申请者的排污行为可能造成水体水质超出定性基准的规定，那么许可证中必须加入 WET 法的排放限值。只有当许可证编写者可以确定污染物化学基准限值足以保证受纳水体符合定量和定性基准时，才不需要加入该类限值。

许可证编写者必须调查分析废水中未由所在州制定定量基准的化学物质，这将有助于对其进行更为准确的定性基准描述。在这种情形下，许可证编写者适用以下三种方法中的一种确定排放限值：①使用 EPA 的国家基准；②制定自己的基准；③通过使用对应的指示性指标来控制污染物。

#### 6.3.1.3 一般考虑

在确定许可证是否需要 WQBEL 时，许可证编写者至少要考虑以下几个方面：①现有的点源和非点源污染控制措施；②废水中污染物或污染物指标的变化；③物种对毒性试验的敏感性；④在适当的条件下，受纳水体对污水的稀释作用[40 CFR 122.44（d）（ii）]。许可证编写者需要考虑基于技术的限值是否满足州水质标准。最后，许可证编写者同样需要考虑除出水监测数据外的其他相关数据和信息，如监察历史记录、河道调查数据、稀释记录、类似设施的数据等，基于对这些信息的有效性分析，做出合理的决定。

## 6.3.2　根据出水监测数据评估潜在污染

当制定 WQBEL 需要分析出水性质时，许可证编写者应将任何可获得的出水监测数据以及其他有关信息（如企业类型、监察历史记录、水质调查）等作为基础。许可证编写者可以从历史监测数据中获得出水的相关资料，或在发放许可证之前要求排污者提交出水监测数据。EPA 建议，在设定排放限值前应先了解出水监测数据。因为：①可以更清楚地明确污染物是否存在；②可以更加明确出水性质的变化情况。资料收集应该早于许可证的制定，以便有足够时间进行毒性试验和化学分析。

许可证编写者可根据已获得的出水数据和水质模型分析其可能存在的污染影响。专栏 6-2 中的质量守恒方程，是其中一种较简单的水质模型。许可证编写者可采用出水的最高监测浓度，或通过统计分析法预计的最高浓度，来分析在临界条件下水体中污染物的浓度。许可证编写者通过对预测的受纳水体污染物浓度与水质基准进行比较，以确定是否有必要设定 WQBEL。

对于出水的毒性和个别化学物质，所有的毒性试验和暴露评估的指标均有一定的不确定性。数据越有限，不确定性也就越大。为了更好地表征出水可变性的影响和减少不确定性，决定是否需要制定排放限值，EPA 制定了一个统计法，该方法在《基于水质的有毒污染物控制技术支持手册》[①]（以下简称“TSD”）的第 3 章中已进行了详细表述。统计法在预测出水的最高浓度时，综合考虑了出水的多变性和因数据有限而导致的不确定性。在考虑扩散因素后，可将预测得到的最高浓度与水质标准比较，而后确定是否有必要设定限值。

**专栏 6-2　质量守恒的水质方程**

**方程：**

$$Q_d C_d + Q_s C_s = Q_r C_r$$

式中：$Q_d$ —— 废水流量，$m^3/d$；

$C_d$ —— 废水浓度，mg/L；

$Q_s$ ——污染源上游流量，$m^3/d$；

$C_s$—— 污染源上游污染物浓度，mg/L；

$Q_r$ ——污染源下游流量，$m^3/d$；

$C_r$—— 污染源下游污染物浓度（完全混合后），mg/L。

**示例：**

$Q_s$ ——污染源上游流量= 2 934.15 $m^3/d$；

$Q_d$ —— 废水流量 = 758 $m^3/d$；

$C_s$ ——污染源上游污染物浓度= 0.8 mg/L；

$C_d$ —— 统计预测废水最高浓度 = 2.0 mg/L；

$C_r$ ——污染源下游污染物浓度（完全混合后）。

① USEPA (1991). *Technical Support Document for Water Quality-Based Toxics Control.* EPA- 505/2-90-001. Office of Water Enforcement and Permits.

水质标准 =1.0 mg/L

$$C_r = \frac{Q_d C_d + Q_s C_s}{Q_r} = \frac{(758\ m^3/d)(2.0\ mg/L) + (2\,934.15\ m^3/d)(0.8\ mg/L)}{758\ m^3/d + 2\,934.15\ m^3/d} = 1.05\ mg/L$$

**讨论**：因为水质模型测算结果超过了水质标准，所以在下游有可能出现水质超标的情况。

**示例**：

$$C_r = \frac{Q_d C_d + Q_s C_s}{Q_r}$$

式中：$C_r$—— 受纳水体（下游）浓度（毒性单位）；

$C_s$ ——受纳水体背景浓度 =0 TU；

$Q_s$ —— 接收水流量 =23.6 cfs（急性毒性试验）/70.9 cfs（慢性毒性试验）；

$Q_d$—— 废水流量= 7.06 cfs；

$C_d$ —— 排放的 TUa= 2.49 TUa；

排放的 TUc = 6.25 TUc；

$Q_r$ —— 下游流量 $= Q_d + Q_s$

急性毒性试验的水质标准 =0.3 TUa

慢性毒性试验的水质标准= 1.0 TUc

$$C_r = \frac{2.49 \times 7.06 + 0 \times 23.6}{7.06 + 23.6} = 0.57\ TUa$$

$$C_r = \frac{6.25 \times 7.06 + 0 \times 70.9}{7.06 + 70.9} = 0.57\ TUc$$

**讨论**：因为水质模型测算结果的急性毒性超过了水质标准，所以在下游有可能出现水质超标的情况。

### 6.3.3 无出水监测数据的条件下确定是否存在超标的可能

必要的时候，许可证编写者可以在无出水监测数据的条件下，制定和实施 WQBEL。在没有监测数据的情况下，可以基于可获得的水样稀释液、水质标准、州标准的指标或 WET 法以确定 WQBEL。在评价限值时，支持许可证编写者做决策的资料越多，立法机构越不会质疑该项限值的设定。对许可证编写者有用的信息包括：企业类型或城镇污水处理厂类型、有毒污染物现有数据、环境监察记录、毒性污染影响、受纳水体的种类和指定用途。许可证编写者必须为制定许可证的基本理论或许可证案例提供充分的理由。TSD 为确定 WQBEL 提供了收集监测数据方面的指导。

在没有监测数据的情况下，如果许可证编写者在评价所有可获得的有关废水的信息后，仍不能确定废水排放是否会导致受纳水体水质超 WET 或某一污染物的定量或（和）定性基准时，许可证编写者可以要求使用 WET 法或特定化学物质检验以获得更多的数据。在这种情形下，如果有足够的时间，许可证编写者可以在许可证发放之前进行监测，或者要求将试验作为发放许可的条件之一。如果测试结果表明出水排放很有可能导致水质超标，则许可证编写者可以在许可证中规定一个条款允许许可证颁发部门重新审核许可证并且加强排放限值的要求。

## 6.4 暴露评估和纳污总量分配

在计算基于水质的排放限值之前，许可证编写者必须首先确定点源的纳污总量分配（Wastes-Load Allocation，WLA）情况。点源的纳污总量分配是分配给点源的污染负荷占水体每日最大负荷（Total Maximum Daily Load，TMDL）的比例。本节讨论每日最大负荷（TMDL）和纳污总量分配（WLA）两个概念，描述对受纳水体中污染物的暴露评估方法及点源纳污总量分配的计算方法。

### 6.4.1 每日最大负荷

水体的每日最大负荷（TMDL）由两部分组成：一是从点源、非点源和内源排入水体的某种污染物的数量或污染属性（如废热）；二是当受纳水体有相应的水质标准时需要考虑的安全范围。

任何超负荷的排放都有可能导致水质超标。TMDL 可以用由毒性或其他可测的方法决定的单位时间的污染物质的质量表示。专栏 6-3 说明了 TMDL 的组成。

专栏 6-3 TMDL 的组成

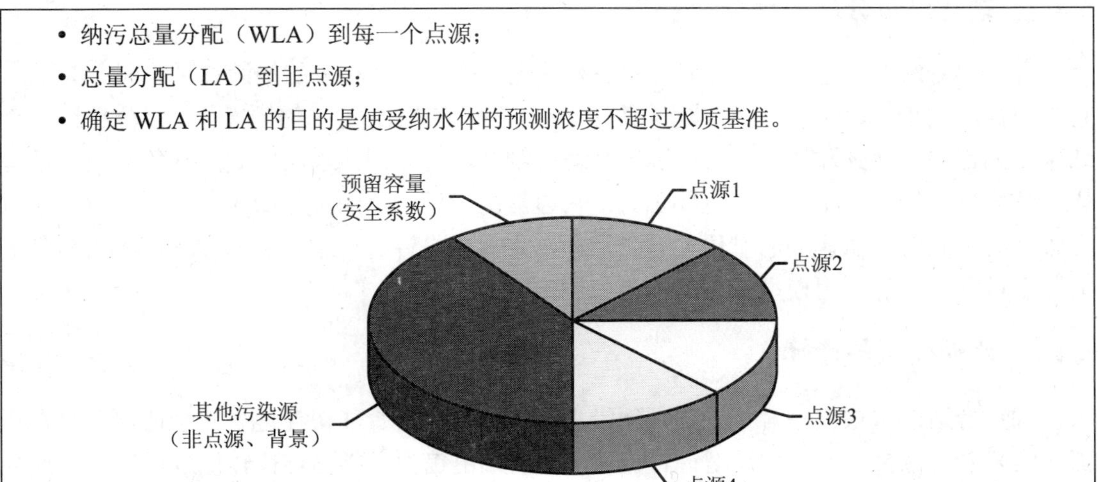


当以技术为基础的排放限值不足以满足州水质标准时，则需要更为严格的基于水质的排放限值。针对这样的情况，《清洁水法》第 303 条（d）款建立了每日最大负荷，并将这些规定写入联邦法规第 40 卷 130 章 7 节。当合理实施 TMDL 时，TMDL 的制定过程可以增加公众参与的机会，加快以水质为基础的 NPDES 许可证的建立，并且为确定和维持水质标准提供技术方面的合理决策，还可以获得技术和法律的支持，以实现和保持水质标准。同样，TMDL 的制定过程提供了将点源和非点源整合为一个评价系统的机制。

建立在 TMDL 基础上的点源污染分配和非点源污染分配，其目的是使受纳水体的污染浓度不超过水质基准。在必要的水平上建立 TMDL、WLA 和 LA 是为了达到适用的定量和定性基准。季节性变化以及正常的波动可以补充解释点源负荷、非点源负荷和水质之间的关系。

在某些情形下，部分水体可能只有一个点源排放。在这种情形条件下，各州可以只考虑该点源和污染物的环境本底值来制定 TMDL。对于其他在颁发许可证时无法获得 TMDL 或者甚至许可证中不要求制定 TMDL 的水体，许可机构应为排入水体的点污染源制定简单的 WLA 方案。TMDL 和 WLA 通常利用简化水质模型进行计算，这类模型依据质量守恒原则并假设状态稳定——本底值和水流等变量保持不变。EPA 鼓励各州为涉及多点源和非点源污染负荷的复杂水质问题制定 TMDL。这些类型的 TMDL 需要复杂的水质模型，要求能模拟降雨，分析物质的累积和转移过程。简单稳态的模型和复杂动态的模型将在 6.4.3 节进行详细讨论。

EPA 支持制定、实施 TMDL 相关政策的创新研究，比如以流域为基础的排污权交易。排污权交易即减排能力的交易，减排能力强的企业可与减排能力弱的企业交易，以减少减排成本。TMDL 是排污权交易能否成功的基础，因为它可以适用于混合交易，并且 TMDL 中的分析和数据可以让水质管理者更好地理解和预测排污交易的影响。只有 TMDL 得到实施，才可能保证交易的成功。

关于 TMDL 的进一步指导，详见 EPA 的 TSD 中第四部分和《基于水质管理决策：TMDL 的制定》①。

### 6.4.2 纳污总量分配的计算

计算 WQBEL 之前，许可证编写者必须首先了解与点源相关的纳污总量分配（WLA）。正如前面所讨论的，WLA 是受纳水体每日最大负荷（TMDL）中的一部分，需分配给现有或未来的点源。暴露评估可以用于确定合适的纳污总量分配。水质模型是行政机构通过暴露评估来确定纳污总量分配的主要工具。它通常由建模专业的工作团队来完成，用以建立污染负荷及其对水质影响的量化关系。然而，重要的是许可证编写者必须了解 WLA 确定的整个过程，然后利用模型最终的结果来制定 WQBEL。

### 6.4.3 水质模型的选择

确定合适的水质模型，首先要判断废水与受纳水体是否能快速地、完全地混合。若不能，建议采用混合区域评估模型；若能，则建议采用包含污染物转移转化过程的完全混合评估模型。

#### 6.4.3.1 混合区域评估模型

在废水和受纳水体没有完全混合的情况下，需要采用混合区域评估模型。混合区是污水在水体中进行初次稀释，并逐步扩散到周围水体中进行二次混合的区域。混合区水质可以超出急性和慢性水质基准的规定，但前提条件是无毒性且该区域水体的指定功能不受到影响。

《清洁水法》允许各个州自主确定混合区。各州可以自主决定是否允许混合区的存

① USEPA 1991, *Guidance for Water Quality-Based Decisions: The TMDL Process.* EPA-440/4-91-0001. Office of Water.

在。EPA 建议各州在自己的水质标准中对是否允许混合区的存在及其如何定义做出明确的表述。EPA 对何时需要建立混合区以及如何确定混合区的边界和大小提供了指导性的意见。

一般来说，存在两个混合阶段：排放混合和环境混合。排放混合阶段主要受污水排放的冲量及其浮力的影响和控制。这一阶段通常涵盖了州水质标准允许的大多数混合区。在排放混合阶段之后，混合则主要受周边环境的影响和控制。在混合区域的分析中，排放混合模型和环境混合模型均需要建立。《水质标准手册》[①]以及 TSD 中第 4 章提供了关于混合区的指导以及如何进行混合区的分析。

### 6.4.3.2 完全混合评估模型

如果排污口和完全混合区之间的距离可以忽略，那么就不必采用混合区域评估模型。对于完全混合的情况，存在两种主要的转移转化水质模型：稳态模型和动态模型。模型的选择主要取决于受纳水体的性质、可获得的污水数据及其复杂程度。模型所需资料至少要包括河流的流量、背景浓度以及污水的流量及其浓度。

（1）稳态模型

稳态模型需要单一的、稳定的废水流量及浓度，受纳水体的背景浓度和流量，气象条件（如温度等）等数据。如果只监测了少量污染物和毒性物质或者缺少日常水体流量资料，则可以使用稳态模型来评价。稳态模型可以计算在废水流量、污染物浓度和环境现状等均处于最差情形下的 WLA。例如：对于氨的稳态模型是在假设水体流量最低、氨背景浓度最高、pH 值最高以及水温最高的情形下进行分析评估的。基于稳态模型的 WLA 和许可证限值，可保证在临界条件以及所有由于临界条件的情况下，污染源排放达到水质标准。

稳态模型中使用到的质量守恒方程，可以用等式联立上游某点（通常是污染物排放点、支流和横向流入点）的污染物量与下游完全混合后的污染物量。专栏 6-1 列出了质量守恒模型的基本公式。该模型假定污染物是稳定的、累积的，并且稀释是影响水流中污染物浓度的唯一因素。在适当的条件下，该模型可以将污染物在水体中的吸附和降解（除了稀释以外）等因素考虑在内。在 TSD 中第 4 部分详细地讨论和阐述了一些稳态有毒物质迁移转化模型，考虑了除稀释以外影响河流污染物浓度的因素。

简单质量守恒方程可以转换成如下的形式，来确定下游对某一污染排放源污染物浓度的影响。

$$Q_d C_d + Q_s C_s = Q_r C_r$$

$$C_r = \frac{Q_d C_d + Q_s C_s}{Q_r}$$

方程可以进一步变形来确定必要的 WLA，以此计算得到 $C_d$。

$$C_d = \frac{C_r Q_r - C_s Q_s}{Q_d}$$

① USEPA (1994). *Water Quality Standards Handbook: Second Edition.* EPA 823-B-94-005a. Office of Water.

示例：

假设河流流量最低为 2 934.2 $m^3/d$，锌的背景浓度最高为 0.8 mg/L，州设定的锌水质标准为 1.0 mg/L，当 Zn 废水的流量为 758.0 $m^3/d$ 时，计算得到的 WLA：

$$C_d = [1.0\times(2\,934.2+758.0)-0.8\times2\,934.2]\div758.0=1.77\ \text{mg/L}$$

多数州至少针对某些污染物采用了急性和慢性两种定量基准。稳态 WLA 模型应该用来计算污染物的允许排放负荷，以达到设计上游流量的基准。在进行预测和计算的工程中，各州需要合理设定上游的流量。EPA 建议对于急性生物毒性基准采用 1Q10 流量（10 年序列中的 1 日低流量），对于慢性生物毒性基准采用 7Q10 流量（10 年序列中的 7 日低流量）。同时，EPA 建议在考虑保护人体健康因素时，上游的流量应采用平均流量。

当分析得出针对每一个标准的 WLA 后，许可证编写者应将这些 WLA 转化为长期平均排放浓度、日排放最高限值和月排放平均限值。这个转化过程在本章 6.5 节（许可限值的推导）进行了讨论。采用最严格的长期平均流量浓度计算的许可证限值和 WLA，可以保证许可证限值符合所有适用基准的要求。

（2）动态模型

如果可以获得足够的水量和浓度的信息来估计污水浓度分布的频率，可以用动态模型来计算 WLA。通常，动态模型需要考虑日常流量、浓度和环境现状的变化以及它们之间的关系，因此，可以直接确定超出水质标准的可能性。EPA 推荐的三种动态模型包括：连续模拟模型、蒙特卡罗模拟模型以及对数正态概率稀释模拟模型。

- 连续模拟模型：一种模拟污染物迁移转化的分析方法，采用按时序输入的数据来预测受纳水体在与输入变量相同时间顺序下的浓度变化情况；
- 蒙特卡罗模拟模型：随机选择多组输入数据并进行重复的模型运行，以便预测受纳水体水质浓度的分布；
- 对数正态概率稀释模拟模型：由输入变量的对数分布计算受纳水体可能的浓度分布几率情况的模拟方法。

这些方法可以模拟受纳水体的浓度值分布，避免受最差极值的影响，从而确定水质达标基准中的污水排放浓度值频次分布。

TSD 的第 4 章详细地介绍了稳态模型和动态模型，并且为每一种受纳水体如河流、湖泊和港湾，针对毒性和有毒污染物提出了模型选择的建议。另外，EPA 针对各种有毒物质的迁移转化模型颁布了详细的使用指南。这些模型的具体使用方法可以参阅《流域工具手册——流域工具的集合》（Watershed Tools Directory—A Collection of Watershed Tools），该手册可以通过流域保护与评估部的湿地、海洋或流域办公室获得（参见网站：http: //www.epa.gov）。这些手册详细介绍了水质模型中的迁移和转化过程。

## 6.5 许可限值的推导

水质模型可以推导出 WLA，在许可证中 WLA 还需要被转换成排放许可限值。许可证编写者需要在充分考虑污水排放的波动性、受纳水体的稀释能力和监督性监测频次的基础上制定可实施的许可限值，防止污染物造成急性和慢性影响，并且确保不超过所分配的污染负荷，以及满足水质标准的要求。为了实现这些目标，EPA 建议许可机构根据稳态或动态水质模型的推导结果，采用统计学的许可限值计算步骤（在 TSD 的第 5 章进行了讨论）。EPA 认为上述方法可确定同时适用于具体化学物质和污水综合毒性法的 WQBEL。

### 6.5.1 许可限值的表达

按照联邦法规第 40 卷第 122 章 45 节（d）款中关于 NPDES 规定的要求：对于污水处理厂以外的所有污水排放，许可证限值必须用平均每月限值（Average Monthly Limits，AML）和每日最大限值（Maximum Daily Limits，MDL）表示；对于污水处理厂的排放，则用平均每周限值（Average Weekly Limits，AWL）和平均每月限值（AML）表示，当然限值不符合实际的情况除外。每日最大限值（MDL）是指在一个自然日或在连续 24 小时内，允许监测到的最高排放量；平均每月限值（AML）是指在一个自然月内每日排放均值的最高允许值；平均每周限值（AWL）是指在一个自然周内每日排放均值的最高允许值。

**技术说明**

EPA 建议，针对有毒污染物以及水质许可中的污染物指标，建立每日最大限值（或慢性毒性试验的最大值），以此代替污水处理厂排放的平均每周限值（AWL）。这样做的原因主要有以下两个方面：首先，污水处理厂平均每周限值取决于二级处理的要求，而这些基准并不能确保达到水质标准。其次，平均每周限值可能包括多达 7 个或更多的日常样品，可能会掩盖毒性的最大值，因此就可能忽略掉了排放中潜在的急性毒性效应。所以，使用随机样本测定每日最大限值，就有可能监测到潜在的急性毒性效应。

建立许可限值的目的是保证在污染治理设施正常运行的条件下，出水持续稳定满足 WLA 的要求。虽然无法保证通过许可限值的要求就能确保 WLA 持续稳定不超标，但是可以利用许可证限值来证明其超标概率很低。当然，须在考虑废水极端排放浓度的情况下，并在废水监测的频率和时间保持一致的情形下进行推导。

由于许可限值是基于低超标可能性制定的，因此许可限值的制定必须考虑废水的多变性，并保证正常情况下的污染负荷不会导致水体超标。实际上，在考虑接收废水的多变性时，许可限值要求污水处理厂的处理水平必须满足 WLA 的污染负荷要求，并仅存在很小的几率出现超出 WLA 要求的情况。

### 6.5.2 基于稳态模型的许可限值

基于稳态模型的许可限值取决于 WLA 的类型。当 WLA 是针对保护水生生物制定时，则根据州水质标准对水生生物的急性和慢性毒性保护的要求，可从不同类型的 WLA 推导出两个许可限值。而从保护人体健康的角度出发得到的 WLA 只有一个长期的要求。在这两种情况下，这些 WLA 限值均需要转化为每日最大限值和平均每月限值。对特定的化学法或 WET 法而言，可以通过使用下列方法来确定急性和慢性的 WLA 限值：

- ❖ 计算污水处理设施的处理性能，使污水处理设施需要达到的 WLA 模拟结果的要求（计算急性 WLA 和慢性 WLA 要求），包括长期平均的频率分布（Long-Term Average，LTA）和变异系数（Coefficient of Variation，CV）。

- ❖ 对于 WET 法而言，通过转换系数可以使急性 WLA 转化为慢性 WLA。如 2.0TUa ×10=20TUc，当慢性急性比（Acute-to-Chronic Ratio，ACR）取缺省值 10 时，TUc/TUa=10。
- ❖ 选择对水质要求最为严格的限值作为许可限值。

EPA 已制定可供许可证编写者快速确定将 WLA 转化成许可证限值所需数据的表（见 TSD 中第 5 章的表 5-1 和表 5-2）。另外，一些许可机构自主研制了计算机程序来利用已知数据计算 WQBEL。

某些州的水质基准以及相应的 WLA 通常是以某个单一的数值形式公布，通过它们可以确定合理的废水排放浓度水平。例如，要求“河流中铜浓度不得超过每升 0.75 毫克”。稳态分析认为，污水是稳定的，而且 WLA 值永远不会被超越。在制定排放限值时，这种假设并不合理，因为设定排放限值需要考虑污水的可变性。当只有一个水质标准和一个 WLA 时，可以通过下列程序确定许可限值：

- ❖ 将单一的 WLA 视作慢性 WLA；
- ❖ 计算使得污水处理设施满足 WLA 要求的处理水平（长期平均和变异系数）；
- ❖ 通过上述长期平均和变异系数的计算结果，获得每日最大和每月平均许可限值。

### 6.5.3 基于动态模型的许可限值

将特定化学物质的 WLA 或 WET 具体化的最清晰准确的方法是应用动态模型。在该模型中，WLA 用标准中要求的长期平均和变异系数等指标来表述，通过这种方法来表述 WLA，不但假设合理，而且将 WLA 转化为许可限值的过程也是清晰明确的。许可证编写者可以通过设定许可限值使水质达到 WLA 目标。一旦 WLA 和相关的长期平均和变异系数确定下来，就可以使用 TSD 第 5 章中介绍的许可限值推导过程为特定的化学物质和 WET 确定排放限值。

### 6.5.4 保护人类健康的排放许可

如果某些污染物可能对人类健康产生不利影响，那么该种污染物许可限值的确定将不同于其他污染物。这是因为这类污染物的暴露时间一般都在一个月以上，甚至可能达到 70 年，因此，平均暴露强度比最大暴露强度更受到人们的关注。由于排污许可限值通常建立在每日和每月统计数据的基础上，因此，为了满足每月的纳污总量分配（WLA），有必要设立人类健康的许可限值。如果确定基于人类健康的许可限值与基于水生生物保护的相同，则每日最大限值（MDL）与平均每月限值（AML）将会超过 WLA。另外，利用统计方法的确定流程不适用于超过 30 天以上的暴露时间。因此，为了保护人类健康，建议将基于水质的排放限值设定为 AML 等于 WLA，并且根据污水可变性和每月样本数量，采用 TSD 第 5 章介绍的统计学方法计算每日排放限值。

# 第 7 章　监测与报告要求

在规定了市政及工业排放限值之后，许可证编写者需进一步对监测和报告作出规定。持证者应定期对其排放行为做自我监测并对监测结果加以汇报，从而使管理部门获得必要的信息来评估污染物的特征及判断污染物排放者的守法情况。定期的监测和报告可以让持证者意识到依法排放的责任，并及时掌握污染处理设施的运行情况。许可证编写者应该了解污染排放者自我监测可能带来的一些问题，例如不合理的采样程序、落后的分析技术、较差或者不合理的报告或文本。为了尽可能防止或减少这些问题的发生，许可证编写者应该在许可证中详细地规定监测和报告的细节要求。

国家污染物排放削减体系（National Pollutant Discharge Elimination System，NPDES）的每个许可证的监测和报告部分应包括以下要求：

- ❖ 采样位置；
- ❖ 采样方法；
- ❖ 监测频次；
- ❖ 分析方法；
- ❖ 报告和记录存储要求。

在制定具体实施细则的过程中，应对一些可能影响采样位置、采样方法和采样频率等的因素加以考虑。这些因素包括：

- ❖ 排放限值指南（Effluent Limitations Guidelines，ELG）的适用性；
- ❖ 排放和处理过程的不确定性；
- ❖ 对受纳水体的流量和/或污染负荷量的影响；
- ❖ 所排放污染物的特征；
- ❖ 持证者的守法历史记录。

许可证编写者必须对以上因素慎重考虑，因为任何一个失误都会导致对排污者守法情况的错误判断，以及对国家排放限值指南和国家水质标准的不当应用。以下章节将详细叙述制定关于监测、报告和记录存储的要求及应该考虑的问题，并阐述如何将这些要求恰如其分地融入 NPDES 许可证中。

## 7.1　监测要求

NPDES 要求定期评估向联邦水体排污的企业是否符合许可证规定的排放限值要求，并将结果呈报给许可证管理部门。此外，NPDES 许可证还可以要求持证者监测与排污无直接关联的其他指标或其他进程，例如雨水、合流制溢流污水、城市污泥和污水处理厂的进水。本节将介绍对监测条件的要求和监测的权限，并叙述如何将这些要求写入 NPDES 许可证。

联邦法规第 40 卷 122 章 44 节（i）款和 48 节规定 NPDES 许可证需阐述监测和报告情况。联邦法规第 40 卷 122 章 44 节（i）款要求持证者使用联邦法规第 40 卷 136 章中规定的测量方法来监测污染物总量（或者其他适宜的测量单位）和排污量，以及其他合适的指标。联邦法规第 40 卷 122 章 44 节（i）款也规定 NPDES 持证者（除了特殊规定的）必须每年至少一次对所有限制排放的污染物进行监测并上报数据。

联邦法规第 40 卷 122 章 48 节中规定，所有许可证都必须对监测设备或方法（必要时包括生物监测方法）的合理使用、维护和安装作出明确要求。同时，所有许可证应详细规定监测的类型、间隔和频率以保证监测数据具有的代表性。以下章节将重点阐述如何使许可证监测符合法规要求。

### 7.1.1 监测位置

NPDES 法规中并没有对监测位置作出明确要求，但许可证编写者有责任确定最合适的点位并在许可证中详细说明。同时，持证者也有责任提供一个安全、易接近并且有代表性的取样点[见 40 CFR 122.41（j）（1）]。

NPDES 许可证中规定的监测位置合适与否对取得可靠的数据至关重要。在选择监测位置时，需要考虑的重要因素包括：

- 废水流量可测量；
- 监测位置方便且安全；
- 取得的样本可代表监测时段的排放情况。

最合理的污水监测点应位于排放口而非受纳水体。当执行基于水质的排放限值时尤为如此。然而，在某些情况下许可证编写者可能需要在许可证中增加一个备用的监测点。

**技术说明**

为满足 NPDES 许可证要求而选择监测位置时，许可证编写者应选择能代表污水排放情况的监测位置。监测地点的污水应该是充分混合的，例如选择在巴氏槽附近或者有液压湍流的下水道。在采样时避免选择过于靠近出水堰的位置，因为这类位置可能出现固体沉降和浮油、油脂积聚。

需要设置备用监测点的一种典型情况是：企业可能将处理后与未处理的废水混合排放，此时只在最后混合的排污口进行监测是不合适的。为解决这种情况，联邦法规第 40 卷 122 章 45 节（h）款中允许许可证编写者在排污口的内部设立监测点。可以要求设定内部监测点的情况包括以下几种：

- 为确保符合排放限值导则和标准（非市政设施）——当未经处理的废水被其他达标废水稀释，监测混合后的排放废水可能已无法获得准确真实的排污情况。在这种情况下，许可证编写者就要考虑采用基于技术的排放标准，监测与其他废水混合前的排放情况（在应用排放导则的基础上）。
- 为确保符合二级处理标准（仅针对市政污水处理厂）——某些市政污水处理厂中二级处理的配套设施，可能影响到该厂二级出水监测达标结果。在这种情况下，许可证编写者可以考虑要求污水处理厂在二级处理完成后、配套设施处理前，按照二级处理标准进行达标监测。例如，要求在二级净化完成后即对排放进行监测。

❖ 为检测某种污染物——若已处理废水与未处理废水进行混合稀释后，某种重要污染物无法由规定的分析手段检测出，则可在内部设立监测点，废水混合之前检测出污染物的特征。

当设置内部监测点时，许可证编写者需要考虑设施内废水处理单元的位置，在执行基于技术排放限值时尤为如此。当许可证编写者将监测位置设立在污水处理装置之前时，排放的污水就不大可能符合技术性排放标准。

许可证编写者也可能要求对某些设施的污水处理单元的进口污水进行监测。对于市政污水处理厂，必须监测入口污水，以确保达到二级处理标准规定的 85%去除率。对于非市政污水处理厂，如果需要获得与污水处理单元运行相关的其他信息，也可以监测入口污水特征。专栏 7-1 说明了如何确定许可证中的采样地点。

**专栏 7-1 许可证中规定取样点的实例**

描述：

第一部分：自主监测要求

A. 取样地点

1. 从 Chemistry-Fine Arts Building 排放的废水应在 001 排放口取样；
2. 从 Duane Physics Building 排放的废水应在 002 排放口取样；
3. 从一号研究实验室排放的废水应在 003 排放口取样。

简述：

第一部分：排放限值和监测要求

A. 取样地点

排放口描述

001 排污管——设施中按规定配置的收集所有污水的金属管道。取样点如下图所示。

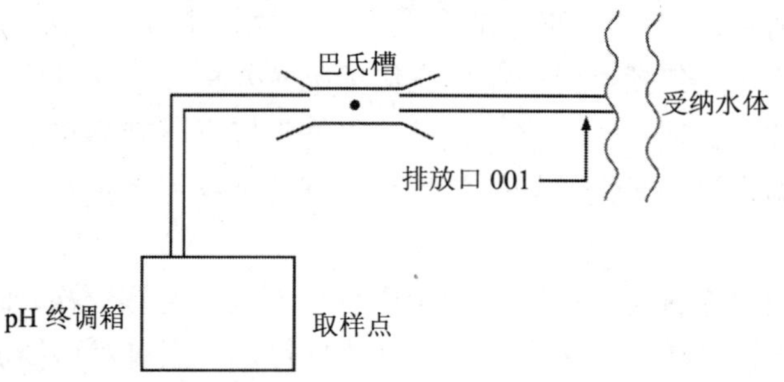


## 7.1.2 监测频次

污染物监测频次应根据情况而定，并在情况说明书中详细设定监测频次。有些州有推荐的取样指南，可以用来帮助许可证编写者确定合适的取样频率，能够尽可能地排查出违法排污情况又可以避免不必要的重复监测。

许可证编写者可以通过查看设施的排放数据，例如，查看排放监测报告（Discharge Monitoring Report，DMR），或者在没有实测数据和信息的情况下参考类似排放数据，估算相关指标浓度的变化情况，来确定监测频次。排放情况经常变化的监测频次应该比排放情况相对稳定的监测频次更高，尤其是流量和浓度变化较频繁的情况。在设定合适的监测频次时，除了估计排污变化的情况，还应该考虑以下因素：

- ❖ 处理设施的设计容量——例如，平均流速相同时，相对于受到渗透或大量工业污水排放影响而使水量不断波动的超负荷处理设施来说，不易受旁路影响的大型氧化塘处理系统监测频次可以更低。因为与批次进水的系统相比，氧化塘处理系统相对稳定。
- ❖ 处理类型——设施的废水处理方法将决定是否有必要进行过程控制监测和流量监测。使用生物处理方法的工业设施与具有相同污水处理装置的二级处理厂的监测频次是相似的。如果处理方法合适且能够稳定、高效地去除污染物，则监测频次低于没有处理设施或处理设施不足的工业企业。
- ❖ 达标排放记录——可根据设施的过往达标排放情况调整监测频次。无法达标排放的设施通常需要增加监测，以找出无法实现达标排放的原因或违规事实。
- ❖ 监测成本应与排污者自身能力相一致——许可证编写者不应有过度的监测要求，除非有必要获得关于排放的大量信息（分析费用会在 7.1.5 节加以说明）。
- ❖ 排放频率——非持续排污设施的监测频次，不同于持续排放高浓度废水或含有不常检出的低浓度污染物的监测频次。同时应考虑设施运行时间（如季节性或日常性运行）、车间的冲洗时间等其他类似因素。
- ❖ 许可证设定每月样品量——监测频次应考虑到许可证设定的每月的样品量，并参考其他可用的排放导则中使用到的监测频次。
- ❖ 多级限值——当许可证编写者在 NPDES 许可证中包含多级限值时，就应考虑到对应不同的许可限值而设定不同的监测频次。例如，如果某一设施持有的是季度排放许可证，那么在其生产旺季应增加监测频次，在淡季则应减少监测频次。

许可证编写者还可以使用另一个方法来设置监测频次，即使用《基于水质的有毒污染物控制技术支持手册》（TSD）中描述的定量方法。概括来说，TSD 中的方法要求计算污染物浓度长期的平均值（包括可能的排放变化情况）并将之与许可证限值进行比对，以确定违法排放的可能性。长期平均浓度与许可证限值越接近，监测频次应该越高。该定量方法需要有合理的数据来计算长期平均排放浓度。许可证编写者可参考 TSD 来获得有关该方法的更多信息。

许可证编写者也可在许可证的有效周期内设定不同的监测频次，即在一个有效周期内增加或减少监测频次。当初期的采样数据显示达标排放，则可对该排放者逐渐降低监测频次。若在初期的污染物采样监测中发现了问题，则需要增加监测频次并且可以实施更多样的监测。这种阶梯式的监测方法能够在充分保护水质的前提下降低持证者的监测成本。

**法规更新**

为响应克林顿总统对法规修改的号召，即将监测和报告负担降低 25%，美国环保局（Environment Protection Agency，EPA）在 1996 年 4 月 19 日颁布了减少 NPDES 许可证监测频次的暂行办法（EPA-833-B-96-001）。在该办法中，降低 NPDES 监测和报告要求须基于过去的良好表现。故企业可通过满足达标监测、维持排放值低于许可证排放限值来证明。降低多少监测频次因指标而异，主要考虑现有的监测频次与该指标达标率。当许可证更新时，可将降低监测频次纳入许可证。为了能持续享有这种要求降低的待遇，持证者必须保持高的绩效水平和良好的守法记录。

### 7.1.3 取样方法

除了设定监测频次外，许可证编写者必须详细说明采集的样品类型。基本的取样方法包括随机取样和混合取样两种。除许可证另行规定的方法外，联邦法规第 40 卷 136 章提到的分析方法是 NPDES 项目中的所有监测都必须用到的。而对于大部分分析过程来说，联邦法规第 40 卷 136 章中并未规定取样方法（随机取样或混合取样），因此必须在排放许可证中加以规定。

联邦法规第 40 卷 136 章规定随机取样必须测定 pH、温度、溶解氧、氯、可降解有机物、硫化物、油类、粪大肠菌群和氰化物。

#### 7.1.3.1 随机取样

随机取样是指在特定时间、地点内采集的单一样本，仅代表该时间、地点下的污水成分。当污水水质和流量不随时间变化时，随机取样完全可以满足水质监测分析要求。它可以在以下情形中使用：

- ❖ 废水特征相对稳定；
- ❖ 需要分析的指标会因存储而发生变化，如温度、残留氯、可溶性硫化物、氰化物、酚类、微生物指标和 pH；
- ❖ 待分析的指标易受到混合过程的影响，如油、油脂和易挥发物；
- ❖ 需要得到短期的变化情况；
- ❖ 混合取样不可行或者混合过程易产生新的物质；
- ❖ 有待确定的空间参数变化性，如溪流或者大型水体的横断面和（或）深度的变化；
- ❖ 对充分混合的间歇排放废水分批取样。

只有当被取样的废水含有对试验菌有毒性的污染物且其浓度最大时，随机取样才能估计出其毒性的最大反应。

随机取样的另一种类型是连续取样。一种特殊的自动取样装置从待取样的污水流中采集相对较少的样本量，取样的间隔与时间或流量成比例。与自动混合取样器不同，连续采样器能自动采集样本并将其保存在瓶子中，且与其他自动采集的样本分开。连续采样器能单独存放大量独立样本，而混合采样器则是将等分的样本在普通瓶中混合。连续取样可以有效地确定废水在短期内的变化特征。

#### 7.1.3.2 混合取样

混合取样是把在固定间隔期内获得的独立样本综合起来，通常与时间或流量相关。当待测物质因为流量或质量变化而随时间显著改变时，用混合取样比较合适。混合取样通常有两种混合方式，许可证编写者要在许可证中明确要求使用哪种类型：

- ❖ 定时混合取样是在相同的时间间隔内每次取固定的体积，当流量相对稳定时该方法是可取的。相比手动采样混合装置，应首选采用自动定时混合取样装置。手动取样方法适用于分析和审查频率较低时采用。当流量相对稳定且附属样本在相同时间间隔内所取体积固定时，可以进行人工采样。

- ❖ 当废水流量随时间变化较大时，通常建议采用与流量成比例的混合取样。这种按流量比例进行采样的设备和仪器由于维护上的问题经常停工。当没有流量测量装置，需要根据流量进行人工混合采样时，可以采用进水流量值作为出水流量值，不校正时间滞后。如果不存在大量蓄水的情况（如水库），进出口流量值的误差可忽略不计。

混合取样在许多情况下都不适用。有些指标是不能混合的，如 pH、残留氯、温度、氰化物、挥发性有机物、微生物测试、油和油脂及总酚类。这类指标也不推荐使用分批取样或间歇取样，需采用随机取样以监测排放水质的变化。

若要测定污水综合毒性（Whole Effluent Toxicity，WET），在已了解到在某一特定时间的排放毒性最大时可以采用混合取样的方法。但一些有毒的化学物质存在时间很短、降解极快，即使利用冷藏或其他形式进行长时间混合保存，仍不能以最大毒性形式存在，此时，需要采用随机取样来进行生物测定。

若法规中没有规定取样的条款，则许可证编写者应该确定取样的混合时间周期和小份样品的采样频率。无论是人工采样还是采用自动采样装置，许可证中都应写明取样的时间范围。此外，还应说明构成混合样品的独立小份样品的数量。NPDES 申请要求规定对持续 4 小时以上的非雨水排放系统至少要取 4 个小份样品。

专栏 7-2 中叙述了 8 种类型的混合方法以及每个样品的优缺点。如专栏 7-2 所述，样品能以时间或流量作为混合标准并能够确保其代表性。然而，当流量和污染物浓度都剧烈变化时，应采取与流量成比例混合的采样方式，因为这段时间内污染物排放量将会更大。依照时间进行的采样方法可作为备选方案，并使用流量记录，评估不同样品的重要性。

连续监测是监测少数指标时的又一监测方法，如流量、总有机碳、温度、pH、传导性、氟化物和溶解氧。连续监测的可信度、精确度和成本随待测指标的不同而有差异。连续监测的成本很高，因此当企业排放量大且排放情况变化大时才采用该方法。在决定是否采用该方法时，应将排放中指标变化对环境影响的重要性与相应的监测成本作比较。

**技术摘要**

当设定连续监测要求时，许可证编写者必须注意，当持续监测污水时，NPDES 法规允许 pH 限值存在周期性的偏移（详见 40 CFR 401.17）。

### 7.1.4 分析方法

许可证编写者必须对监测所用到的分析方法作出规定。标准许可证的分析方法在联邦法规第 40 卷 136 章有叙述[见 40 CFR 122.41（j）（4）和 122.44（i）款]。需要特别指出的是，用于检验工业和市政污水的分析方法必须与联邦法规第 40 卷 136 章所描述的方法相一致。其中提到的方法包括以下几种：

- ❖ 联邦法规第 40 卷 136 章附录 A 的测试方法[①]；

① Guidelines Establishing Test Procedures for the Analysis of Pollutants Under the Clean Water Act (40 CfR Part 736).(Usemost current version).

- 《水体和污水检验标准方法》第 18 版①；
- 《水体和污水化学分析方法》②；
- 《检验方法：市政与工业污水有机化学分析方法》③。

专栏 7-2 混合方法

| 方法 | 优点 | 缺点 | 评价 |
|---|---|---|---|
| 按时间混合 | | | |
| • 样本体积一定，取样时间间隔一定 | 仪器和人工投入最少；不需要监测流量 | 可能缺乏代表性，尤其是当流量变化大时 | 在自动和手动取样中都有广泛应用 |
| 按流量比例混合 | | | |
| • 样本体积一定，取样时间间隔随流量成比例变化 | 人工投入最少 | 需要精确的流量测量仪器；根据流程图进行人工混合 | 在自动和手动取样中都有广泛应用 |
| • 取样时间间隔一定，取样体积随采样时的总流量成比例变化 | 仪器使用最少 | 在缺少先前的最小与最大流量比例信息的情况下，根据流程图进行人工混合；对于已经给出混合体积的独立个别样品可能存在采样量太小或太大的可能性 | 使用于自动取样中，也广泛应用于手动取样中 |
| • 取样时间间隔一定，取样体积随上次取样后的总流量成比例变化 | 仪器使用最少 | 在缺少先前的最小与最大流量比例信息的情况下，根据流程图进行人工混合；对于已经给出混合体积的独立个别样品可能存在采样量太小或太大的可能性 | 在自动取样中应用并不广泛，但可在人工取样时应用 |
| 次序混合 | | | |
| • 一系列的短期混合，取样时间间隔一定 | 在流量发生波动和考虑其随时间变化时有效 | 需要基于流量进行小份样品的人工混合 | 通用；但人工混合需要大量人力资源 |
| • 一系列的短期混合，在固定排放物数量增加时采集小份样品 | 在流量发生波动和考虑其随时间变化时有效 | 需要流量累加计；需要基于流量进行小份样品的人工混合 | 人工混合需要大量人力资源 |
| 连续混合 | | | |
| • 取样体积一定 | 人工投入最少，不需要测量流量 | 需要大量样品体积；流量变化大时可能缺乏代表性 | 实用但应用并不广泛 |
| • 取样体积与流量成比例 | 人工投入最少，流量变化大时最有代表性 | 需要精确的流量测量仪器，大量样品体积，可变的抽水容量和功率 | 应用并不广泛 |

联邦法规第 40 卷 136 章中包含的分析方法是仅针对优先污染物、常规污染物以及一些非常规污染物设计的。在缺少针对其他指标的分析方法的情况下，许可证编写者必须规

① American Public Health Association,American Water Works Association, and Water Pollution Control Federation(1992).*Standard Methods for the Examination of Water and Wastewater*, 18th Ed.

② USEPA(1979).*Methods for the Chemical Analysis of Wafer and Wastewater*.EPA-600/ 4-79-020.Environmental Monitoring and Support Laborator.

③ USEPA(1982).*Test Methods: Methods for Organic Chemical Analysis of Municipal and industrial Wastewater.* EPA-600/4-82-057.

定应使用的分析方法。

环境监测方法索引（Environmental Monitoring Methods index，EMMI）是分析方法极好的参考信息。EMMI 是 EPA 官方数据库，包括了 50 条 EPA 法规清单、2 600 种物质和 926 种分析方法。EMMI 数据与 EPA 法规规定的内容是相联系的，包括相关的分析方法、检出限值和法规限值。

### 7.1.5 其他要求

在许可证编写者设定监测要求时，法规中并没有特别要求他们评估监测成本。然而在实际操作中，许可证编写者应该考虑其规定的取样要求会给持证者带来的成本。取样频率与样品分析方法将影响分析成本，专栏 7-3 列出了 1994—1995 年计算出的分析步骤的预计成本。

专栏 7-3 通用分析步骤的预计成本[1]

| 分析指标 | 预计成本/美元 |
|---|---|
| $BOD_5$ | 30 |
| TSS | 15 |
| TOC | 60 |
| 油和油脂 | 35 |
| 气味 | 30 |
| 颜色 | 30 |
| 浑浊度 | 30 |
| 大肠杆菌 | 15 |
| 金属（每种） | 15 |
| 氰化物 | 35 |
| 汽油（苯、甲苯、二甲苯） | 100 |
| 卤烃类净化剂（EPA 方法 601） | 113 |
| 丙烯醛和丙烯腈（EPA 方法 603） | 133 |
| 可净化物（EPA 方法 624） | 251 |
| 酚醛（EPA 方法 604） | 160 |
| 有机氯农药与 PCBs（EPA 方法 608） | 157 |
| 有机氯芳香烃（EPA 方法 610） | 175 |
| 二氧（杂）芑[2,3,7,8-TCCD（EPA 方法 613）] | 400 |
| 碱/中性和酸（EPA 方法 625） | 434 |
| 优先污染物检查[2] | 2 000 |
| 急性 WET | 750 |
| 慢性 WET | 1 500 |

注：1．基于 1994—1995 年的成本计算；
2．包括 13 种金属、氰、二氧（杂）芑、挥发物、碱/中性和酸、有机氯农药与 PCBs 和石棉。

若能使用简单的或监测成本低的指标（例如，用 $BOD_5$ 表征木材黏合剂类污染物），或者其他指标能代表排放的污染物情况，那么就应考虑用这些指标或其他污染物指标来代替高成本的指标。除非许可证编写者能说明分析该指标的必要性，否则要求使用复杂的和监测成本高的指标是不合适的。

### 7.1.6 特殊情况

受 NPDES 许可证项目管制的特殊排放物和常规污水排放物是不同的。对于这些特殊排放物，许可证编写者必须在设定监测条件时加以考虑。本节将对这些特殊情况作出说明，其中包括暴雨径流、合流制溢流污水（CSO）和下水道溢流污水（SSO）、污水综合毒性（WET）和市政污泥。

#### 7.1.6.1 暴雨径流的监测要求

不同的许可证类型在规范暴雨径流排放方面有不同的监测要求。州政府或 EPA 部门得到授权管理 NPDES 暴雨径流项目。在联邦政府层面上，则有若干种许可证以供选择。依据排污类型的不同，工业机构可申请个体许可证、基础工业一般许可证或者多行业一般许可证。此外，影响范围超过 5 英亩土地的建设项目要受到建筑业一般许可证的管理；服务于 10 万人口以上的市政设施则属于个体许可证的管理范畴。这些不同的许可证，每一个都有其相应不同的监测项目。有些州已经把联邦许可证的要求作为他们设立许可证的要求样本。联邦常规许可证中的特殊监测要求在以下文件中有详细叙述：

- ❖ “用于与工业活动相关的暴雨径流的 NPDES 一般许可证”，联邦公报，1992 年 9 月 9 日，基础工业一般许可证；
- ❖ “用于来自建设场所的暴雨径流的 NPDES 一般许可证”，联邦公报，1992 年 9 月 9 日，建筑业一般许可证；
- ❖ “用于工业活动的 NPDES 暴雨多行业常规许可证”，联邦公报，1992 年 9 月 9 日，多行业一般许可证。

#### 7.1.6.2 合流制溢流污水（CSO）和下水道溢流污水（SSO）的监测

EPA 的合流制溢流污水（Combined Sewer Overflow，CSO）控制政策（59 FR 18688）要求所进行的监测能够反映合流制污水的特征，从而对长期控制计划（LTCP）的制定有所帮助，并能表明其遵守许可证的要求。监测作为 9 项基本控制措施（NMC）的一部分，可用以确定污水系统的最初特征，包括分析现有数据和开展现场调查。现有数据包括降水数据、合流制污水系统和合流制溢流污水情况、水质监测结果等。作为长期控制计划的一部分，它要求持证者通过监测和模拟手段完成对污水系统更加完整的特征描述。最后，在建设后期，为体现对许可证要求的遵守，持证者要开展一个针对遵守情况的监测项目。该项目的特殊监测要求与每一位持证者的长期控制计划的具体情况相对应，并作为特殊监测情况记录于个体 NPDES 许可证中。为确保水质达到标准，这些监测要求应该规定监测一般天气和代表性雨季的合流制溢流污水的代表性指标，EPA 当前正在准备 8 个导则手册，都是有关 CSO 控制政策的各个方面，监测为其中之一：《合流制溢流污水：监测和建模导则（草稿）》[①]。

工业企业的许可证也可以包括对下水道溢流污水（Sanitary Sewer Overflow，SSO）的

① USEPA (1995). *Combined Sewer Overflows-Guidance for Monitoring and Modeling*.(DRAFT). EPA-832/R-95-005.

监测要求。这些要求将基于具体情况制定不同的内容。

#### 7.1.6.3 污水综合毒性的监测

使用污水综合毒性（WET）这一检测项目评估受纳河流中的毒性已在第6章进行了详细描述。联邦法规第40卷136章（60 FR 53529）于1995年10月16日发布了生物监测程序。许可证中的“WET 监测要求”要指明应使用的特殊生物检验方法、检验物种、检验节点和质量保证/质量控制（QA/QC）过程。EPA 已经在4本手册中发布了推荐的毒性检验的条款：

- ❖ 《排放物和受纳水体对淡水及海洋生物的急性毒性检验方法》①；
- ❖ 《排放物和受纳水体对海洋及河口生物的慢性毒性短期评估方法》②；
- ❖ 《排放物和受纳水体对淡水生物的慢性毒性短期评估方法》③；
- ❖ 《NPDES 监测督查人员培训：生物监测》④。

用于 WET 检测的样本可以是随机取样，也可以是混合取样。除下列情况以外，推荐24小时混合取样：①能预期污水的毒性在一天的某个时间特别大；②混合会导致毒性被稀释；③需要的样本体积超过了混合取样器的容积，如19L。

WET 检验相对较昂贵（见专栏7-3的成本部分）。因此，检验频率要与排放者产生污水综合毒性的概率相关。取样必须在全年中呈时间均匀分布以便于确定数据的季节性变化。

#### 7.1.6.4 市政污泥的监测

监测市政污泥的目的在于确保污泥的安全处理和使用。联邦法规第40卷503章有关污泥的法规规定要对还田、露天堆放和焚烧的污泥进行监测。监测频次要根据污泥的年处理量和使用量来确定。市政污水处理厂将污泥交给另一方进行进一步处理时，必须提供给对方必要的信息以遵守联邦法规第40卷503章的规定。在市政固废填埋场处理的污泥必须符合联邦法规第40卷258章中对市政固废填埋的标准的规定。

专栏7-4列出的是联邦法规第40卷503章规定的污泥在使用和处理之前最少要达到的监测要求。当市政污水处理厂存在以下情况时，可对推荐或必须监测的指标增加监测频次：

- ❖ 流入的有毒物质或有机固体的含量变化大；
- ❖ 工业污染负荷较大；
- ❖ 曾经因有毒物质造成异常，或因污泥处理或处置对环境产生不利影响。

---

① USEPA(1991).*Methods for Measuring the Acute Toxicity of Effluents and Receiving Waters to freshwater and Marine Organisms*.

② USEPA (1991). *Short-Term Methods for Estimating the Chronic Toxicity of Effluents and Receiving Waters to Matine and Estuarine Organisms*, EPA-600/4-91-003. Environmental Monitoring and Support Laboratory.

③ USEPA (1991).*Short-Term Methods for Estimating the Chronic Toxicity of Effluents and Receiving Waters to freshwater Organisms, Third Edition*. EPA-600/4-91-002. Environmental Monitoring and Support Laboratory.

④ USEPA (1990). *NPDES Compliance Monitoring inspector Training: Biomonitoring*. Office of Water.

专栏 7-4　污泥监测的最低要求（基于污泥使用或处理）

| 方法 | 监测要求 | 频率 | 引用自 |
|---|---|---|---|
| 土地利用 | 污泥重量和%总固体<br>金属：As、Cd、Cu、Pb、Hg、Mo、Ni、Se 和 Zn<br>病原体削减、传播媒介削减 | 每年在 0 至 290 之间*，每季度在 290 至 1 500 之间，每两个月在 1 500 至 15 000 之间，每月大于等于 15 000 | 40 CFR503.16 |
| 市政固废填埋场的处理 | （1）污泥重量和%总固体<br>（2）通过涂层过滤液检测<br>（3）污泥用作覆盖的合适程度<br>（4）根据有害废物法则描述特征 | 联邦法规第 40 卷 503 章对（1）（2）（3）（4）没有规定监测要求或频率，由当地卫生管理机构或填埋场经营者决定 | 40 CFR258.28 |
| 表面处理：有渗滤液的划分场地和未划分场地 | （1）污泥重量和%总固体<br>病原体削减、传播媒介削减<br>金属：As、Cr、Ni（限未划分场地）<br>（2）甲烷气体 | （1）基于污泥数量<br>（2）连续的 | 40 CFR503.26 |
| 焚烧 | （1）污泥重量和%总固体<br>金属：As、Cd、Cr、Pb 和 Ni<br>（2）Be 和 Hg（Nat 排放标准）<br>（3）THC、CO、$O_2$、湿度和燃烧温度<br>（4）大气污染控制装置运行指标 | （1）基于污泥数量<br>（2）联邦法规第 40 卷 61 章 C 节和 E 节规定，频率由许可证管理当局规定（当地的空气管理机构）<br>（3）连续的<br>（4）每天 | 40 CFR 503.46 |

注：1. 联邦法规第 40 卷 503 章规定的监测要求可在监测 2 年后降低，但不得低于每年 1 次。

2. 一个成功的土地利用项目有必要对项目相关物质（如氮）进行监测，以确定合适的种植率。这可由许可证编写者自己决定。

* 污泥干重，单位为 t/a。

对需要检验的指标的监测必须按联邦法规第 40 卷 503 章 8 节中指定的取样和分析方法进行。而对于那些没有包括在内的特殊方法，在《503 章实施导则》①、《污水处理厂污泥病原体控制和稳定化》②和《市政污水处理厂污泥取样及分析导则》③中有对其适宜方法的说明。

## 7.2　报告和记录保存要求

根据联邦法规第 40 卷 122 章 41 节（l）（4）（j）款和（l）款要求，持证者需保留记录并定期报告监测情况。持证者必须使用排放监测报告（DMR）来报告自我监测数据。报告的数据应包括许可证规定的数据和持证者收集的与许可证要求相符的其他数据。按照联邦法规第 40 卷 122 章 44 节（i）（2）款规定，所有设施必须每年至少提交一次监测报告（包括污水排放和污泥使用或处理情况），有预处理程序的市政污水处理厂递交预处理报告的年频率也至少要达到 403 章 12 节（i）款规定。然而，NPDES 法规要求监测与报告频次应根据污水排放、污泥使用和处理处置的情况而定。因此，许可证编写者可以要求比年度报

① USEPA (1995). *Part 50.3 Implementation Guidance.* EPA 833-R-95-001. Office of Water.

② USEPA (1992). *Control of Pathogens and Vector Attraction in Sewage Sludge*. EPA-625/R-92- 013. Office of Research and Development.

③ USEPA (1989). *POTW Sludge Sampling and Analysis Guidance Document.* Office of Water, Permits Division.

告次数更频繁的监测频次。

持证者必须保留监测资料至少 3 年，而且这个保存期限可以应管理人员的要求而延长。市政污泥的监测记录是一个例外，须至少保存 5 年，若联邦法规第 40 卷 503 章有要求的话，则还可以保存更长时间。许可证编写者应指定记录存放的地点。监测记录的内容包括：

- ❖ 日期、地点、时间；
- ❖ 取样器名称；
- ❖ 分析鉴定的日期；
- ❖ 分析人姓名；
- ❖ 使用的分析方法；
- ❖ 分析结果。

根据联邦法规第 40 卷 122 章 41 节（j）款，监测记录必须具有代表性。需要保存的记录包括连续的带状记录纸、校准数据、用于许可证汇报的所有报告的副本、用于编制报告和申请的所有数据的副本。在联邦法规第 40 卷 503 章 17 节、27 节和 47 节中规定了对污泥的监测记录保存的要求，这些要求随污泥的使用和处理方法的不同而有所不同，这些要求也可用做其他污泥指标的记录保存，如联邦法规第 40 卷 503 章未规定的其他污泥指标。

# 第 8 章　特殊情形

为了提供其他污染控制方法（不仅仅是量化排放限值）来削减进入联邦水体的污染物排放量，国家污染物排放削减体系（National Pollutant Discharge Elimination System，NPDES）许可证加入了特殊情形的说明。因为这部分特殊情形不包括具体的量化指标，所以不能被放在许可证的排放限值部分。提出特殊情形的目的是鼓励持证者采取行动削减现阶段排放的污染物总量，或者减少未来污染物排放的可能性。

将特殊情形纳入许可证有多种原因，例如：

❖ 为了应对特殊状况，如对某些排污设施来说，由于数据缺失或不足，很难确定甚至无法确定其基于技术的或水质的排放限值（Water Quality-Based Effluent Limit，WQBEL）；
❖ 为了体现预防性的要求，如要求安装过程控制预警器、防泄漏结构、良好的企业内部管理等；
❖ 为了应对可预见的排污状况变化，如对生产过程、产品或原材料的计划性改变可能影响污染物的排放特征；
❖ 为了拟定达标期限，提供达到许可证要求所需的时间；
❖ 为了体现 NPDES 中其他处理环节的要求（如预处理、市政污泥）；
❖ 为了强制执行额外的监测活动，许可证编写者可以利用监测所得的数据评估当前的许可证限值是否需要更改；
❖ 为了根据监测结果或生产过程与产品的某些改变来调整监测要求；
❖ 为了强制进行某些专项研究，如野外河流调查、毒性削减评估（Toxic Reduction Evaluation，TRE）、生物富集研究、沉积物研究、混合物或混合区域研究、污染物削减评估或其他诸如此类的信息收集研究。

本章 8.1 节针对市政和非市政设施提出了特殊情形的一般类型。8.2 节阐述了与工业活动相关的暴雨排放的特殊情形。最后的 8.3 节讨论了市政污水处理厂（POTW）/市政许可证独有的特殊情形。

## 8.1　特殊情形的类型

本节讨论几种特殊情形的类型，这些类型一般能够在任何 NPDES 许可证（即市政的或非市政的许可证）中使用。这几种特殊情形包括：

❖ 额外的研究和监测；
❖ 最佳管理实践（BMP）；
❖ 污染防治；

❖ 达标期限。

### 8.1.1 额外的研究和监测

在许可证已对排放限值作出规定的基础上，要求企业提供额外的研究和监测，可为许可证编写者提供之前无法获得的数据。额外的研究和监测的要求通常用于补充定量排放限值或支持未来许可证的修订与完善。下文列举了 NPDES 许可证中可能应用到的几种额外研究的类型。

❖ 可处理性研究——缺失某些污染物的可处理性信息从而导致许可证编写者很难确定合理的基于技术的排放限值时，需要进行可处理性研究。另外，当编写者怀疑设施的实际处理能力达不到当前排放限值的要求时，也需要进行可处理性研究。

❖ 毒性鉴定评估/毒性削减评估（TIE/TRE）——若设备排放的污水经过污水综合毒性（Whole Effluent Toxicity，WET）测试发现有毒性，那么需要对该设备进行毒性鉴定评估/毒性削减评估。这些评估的目的是识别和控制废水中毒性的来源。美国环保局（Environment Protection Agency，EPA）颁布的下列导则介绍了对毒性鉴定评估/毒性削减评估的具体程序和要求：
—《市政污水处理厂毒性削减评估》①；
—《工业毒性削减评估的一般方法》②；
—《水体毒性鉴定评估方法：阶段 I 毒性鉴定程序（第二版）》③；
—《沉积物毒性鉴定评估：阶段 I（特征描述），阶段 II（鉴定），阶段III（确认）排放程序的修正》④；
—《毒性鉴定评估：慢性毒性废水的特征描述，阶段 I》⑤；
—《水体毒性鉴定评估方法：阶段 II 对显示急性和慢性毒性的样品的毒性鉴定程序》⑥；
—《水体毒性鉴定评估方法：阶段III对显示急性和慢性毒性的样品的毒性确认程序》⑦。

❖ 混合物或混合区的研究——用于辅助确定可允许的常态混合，可在确定基于水质的排放限值（WQBEL）时应用。

---

① USEPA (1989). *Toxicity Reducfion Evaluation Protocol for Municipal Wastewater TreatmentPlants*. EPA-600/4-89-OOlA. Water Engineering Research Laboratory, Cincinnati, Ohio.

② USEPA (1989). *Generalized Methodology for Conducting industrial Toxicity Reduction Evaluations(TREs)*. EPA-600/2-88-070.Water Engineering Research Laboratory, Cincinnati, Ohio.

③ USEPA (1991). *Methods for Aquatic Toxicity ldentificafion Evaluations: Phase I ToxicityCharacterization Procedures. Second Edition*. EPA-600/6-91-003. Environmental Research Laboratory, Duluth, Minnesota.

④ USEPA (1991). *Sediment Toxicity identification Evaluations: Phase I (Characterization), Phase II(Id&tification), Phase 111 (Confirmation) Modifications of Effluent Procedures*. EPA-600/6-91-007.Environmental Research Laboratory, Duluth, Minnesota.

⑤ USEPA (1992). *Toxicity ldenfificafion Evaluations: Characterization of Chronically Toxic Effluents,Phase I*. EPA-600/6-91-005F. Environmental Research Laboratory, Duluth, Minnesota.

⑥ USEPA (1993). *Methods for Aquatic Toxicity ldentificaiion Evaluations: Phase II/ Toxicityldentification Procedures for Samples Exhibiting Acute and Chronic Toxicity*, EPA-600/R-92-080.Environmental Research Laboratory, Duluth, Minnesota.

⑦ USEPA (1993). *Methods for Aquatic Toxicity Identification Evaluations: Phase III Confirmation Procedures for Samples Exhibiting Acute and Chronic Toxicity*. EPA-600/R-92-081. Environmental Research Laboratory, Duluth, Minnesota.

❖ 沉积物监测——如果许可证编写者怀疑排放废水中的污染物会在受纳水体的沉积物中富集，就需要进行沉积物监测。
❖ 生物富集研究——生物富集研究旨在确定排放废水中的污染物是否在水生生物（如鱼类、无脊椎动物）体内富集。对容易生物富集的污染物，其基于水质的排放限值低于分析检测水平时，通常推荐使用生物富集研究。《用于确定生物富集因素的流程——EPA 大湖水质项目技术支持文件》①中包含了其他关于评价污染物生物富集可能性的指南。

当建立特殊情形时，许可证编写者必须确保与研究有关的任何特别要求都要在许可证条件中详细说明，如特殊采样或分析程序的研究要求说明。另外，许可证编写者必须为研究报告或监测项目的完成与提交设定一个合理的时间表。如果预期的期限超过 6 个月到 1 年，许可证编写者最好要求研究者提供设备的中期进度报告。

### 8.1.2 最佳管理实践

总体来说，最佳管理实践（Best Management Practices，BMP）可用于预防或缓解由工业生产或者污水处理过程排放造成的水污染。在联邦法规第 40 卷 122 章 2 节中，NPDES 法规定义了 BMP 并举例如下：

❖ 日程安排；
❖ 禁止事项；
❖ 维护程序；
❖ 处理要求；
❖ 可操控的操作流程和控制措施：
  —场地径流；
  —溢出或泄漏；
  —污泥或废物处置；
  —原料储存区的排水。

根据联邦法规第 40 卷 122 章 44 节（k）款的 NPDES 法规规定，如果最佳管理实践符合下列情况之一时，应当被纳入许可条件（在可行情况下）：①由《清洁水法》第 304 条（e）款授权；②无法量化排放限值；③必须达到排放限值或实现《清洁水法》规定的目标。其中无法量化排放限值的情况包括：

❖ 在基于技术或者基于水质的排放限值下，污染物可处理性或者对水环境的影响信息不可获取；
❖ 排放的污染物种类会随时间变化而出现明显差异。

最佳管理实践应强制成为许可条件的其他情况包括：

❖ 不适合或不能实施化学分析；
❖ 过去发生过泄漏和溢出，或场地管理不认真；
❖ 一个复杂的设施缺乏有毒污染物数据；

① USEPA (1995). *Great Lakes Water Quality Initiative Technical Support Document for the Procedure to Determine Bioaccumufation Factors*. EPA-820/B-95-005. Office of Science and Technology.

❖ 其他排放控制方案费用过高。

许可证编写者可以通过两种基本的方式将最佳管理实践写入许可证：要求制定 BMP 的总体方案，和/或要求特定厂址、工艺或污染物的 BMP。最佳管理实践如何成为许可条件取决于许可证类型。对个体许可证而言，若其编写者正为特殊设施制定许可条件并且有机会复检设施的运行状况，拟定有关特定场地或污染物的 BMP 比较合适。而对一般许可证而言，把有关特定场地或污染物的 BMP 作为条件并不合适，因为他们高度依赖设施自身的运行情况。因此，应该为一般许可证中限制的排放情形制定相应的 BMP 总体方案，这份方案可以帮助持证者根据他们特定设施的情况确定适合的最佳管理实践方案。

《最佳管理实践（BMP）指导手册》[①]罗列了工业企业或市政设施 BMP 方案中推荐的管理行为与原材料。手册还描述了 BMP 如何运作，并提供了一些可借鉴的最佳管理实践案例。

如果许可证编写者在最佳管理实践方案中采用一般许可证要求，那么企业有责任去规划、制定、执行以及对方案的优缺点进行重新评估。通常企业要成立一个 BMP 委员会（在企业组织中成立的团体），该团体有责任制定 BMP 方案，并协助企业管理者执行和更新 BMP 方案。不过对 BMP 方案的质量负有全部责任与义务的不是 BMP 委员会而是企业管理者。

EPA 已经在有效的最佳管理实践案例中筛选出了一些值得推荐的部分。一般 BMP 方案至少包括以下建议：

❖ 一般要求：
—设施的名称和位置；
—最佳管理实践的政策与目标；
—企业管理者的核查。

❖ 特殊要求：
—最佳管理实践委员会；
—风险鉴定和评估；
—最佳管理实践的事故报告；
—材料的相容性[②]；
—完善的场地管理；
—预防性维护；
—检查和记录；
—安全性；
—职工培训。

《最佳管理实践（BMP）指导手册》[②]对上述的每个部分都进行了详细的介绍。

制定特定场地、工艺和污染物最佳管理实践的目的在于应对具体场地、工艺和污染物的特殊情况。通过现场调查等相关行为，常能发现某设施对 BMP 的需求。例如，若场地管理不当或曾经发生过泄漏事件，那么制定特殊的 BMP 来为许可证中特定的污染物补充

① USEPA (1993). *Guidance Manual for Developing Best Management Practices (BMPs)*. EPA833-B-93-004. Office of Water.

② 译者注：指不同理化特征的材料不能放在一起，否则可能因为材料性质不相容而发生腐蚀、爆炸等危险事故。

量化的排放限值是很有必要的。

为了选择特定的 BMP，许可证编写者必须：

- ❖ 梳理行业概况，确定申请者能够使用的生产工艺；
- ❖ 评估最佳管理实践是否能够协助实现工业企业的环境目标；
- ❖ 引用其他文件中工业或市政企业具体案例，可参考的文件包括其他许可证、污染防治资料、近似工艺的现有许可证或 EPA 的指南与导则。

BMP 方案可提交给管理机构进行审查，但一般由持证者保存，如果许可证授权机构需要，可以随时提交。按照正常的日程安排，BMP 方案要求在 6 个月内完成制定，在许可证发放后的 12 个月内执行。

现已制定专门针对暴雨径流排放和合流制溢流污水的最佳管理实践，分别在 8.2 节和 8.3 节进行讨论。

### 8.1.3 污染防治

通过污染源减排、循环和再利用技术，污染防治可以在实现降低污染风险的同时减少治理成本。依照 1990 年《污染防治法》的 6602（b）款，国会为环境管理等级制定了一项国家政策。

- ❖ 污染物必须尽可能在源头被消除或削减；
- ❖ 无法避免的污染物必须尽可能以能保证环境安全的方式进行循环利用；
- ❖ 无法避免或循环利用的污染物必须尽可能以能保证环境安全的方式进行治理；
- ❖ 只有以上都不可行时才可以处置或以其他方式将污染物排放到环境中，且应以环境安全方式进行操作。

《污染防治法》强调污染防治意味着源头削减，并把源头削减定义为满足如下条件的措施：

- ❖ 在循环利用、污染治理和废物处置之前，减少有害物质、污染物以及进入所有污水流或者排入环境的污染量；
- ❖ 降低有害物质和污染物排放对公众健康和环境的威胁；
- ❖ 增加原材料、能源、水或其他资源的利用效率，或减少自然资源的开采。

示例：

下面是在 NPDES 许可证中用于要求制定和实施 BMP 方案的术语示例。语言表达应该精确，若必要时，也可根据个别设施的需求和州/EPA 给设施设定的目标进行变动。**被标注**的文字（即双星号之间的文本）属于特殊许可证中的特殊情形。

1．实施

若不存在 BMP 方案：持证者应该制定和实施 BMP 方案并且使其达到以下所列出的目标和特殊要求。方案的副本应提交给 EPA**和/或国家机构**。在许可证生效后的 12 个月之内尽快执行。

若存在 BMP 方案：持证者应该在许可证有效期内，依照 BMP 方案**（引用现有方案）**或依照随后对方案的修订运行设施。持证者还应该改进该方案，纳入各项实践以达到以下所列目标和特殊要求，且副本应提交到 EPA**和/或国家机构**。在许可证生效后的 6 个月之内尽快执行。

2．意义

通过实施 BMP 方案，持证者可以防止或尽可能减少污染物的产生，以及污染物由排污设施进入联邦水体的可能性。而这些持证者可以通过正常操作以及辅助活动来实现。

3．目标

持证者应该遵从以下控制污染物的目标来制定和改进 BMP 方案。

a. 持证者应该用最佳方式治理所有污水，最大限度地减少设施排放或可能排放的污染物量和污水的毒性。

b. 依照 BMP 方案及其包含的所有标准操作程序（Standard Operating Procedures，SOP），持证者应当确保对处理设施进行正确操作和维护。

c. 持证者应当通过下述评估来制定污染物控制的特殊目标：

（1）检查设施或系统每个组件确保废物排放最小化。检查由于设备故障、不当操作和雨雪等自然因素导致大量污染物排放到水体的可能性。检查应针对所有正常运行的设施和辅助活动，包括材料存储区、厂址径流、内部传输、加工和原材料处理区、装载和卸载设备、溢流和泄漏、污泥和污水处理，或从原材料存储区排水。**提示：上述所列区域只有与生产设施有关系的才被包含在内。**

（2）经验表明因设备故障（如水池溢流或泄漏）、自然条件（如冰雹）或其他环境因素可能导致大量污染物排入地表水，故方案中应当预计各种条件或情况下设施的污染物排放去向、流量比率以及总排放量。

4．要求

BMP 方案应与上文第 3 部分的目标以及《最佳管理实践（BMP）指导手册》（USEPA，1933）及其修正指导文档保持一致。BMP 方案应：

a. 形成定性的描述文档，其中应包括所有必要的平面图、图示或地图，且应与工程竣工时保持一致。BMP 方案应以下述结构进行组织和记录：

（1）设备的名称和位置。

（2）BMP 政策的陈述。

（3）BMP 委员会的组织构成、职能和规程。

（4）实现上述目标所需的特殊管理实践和标准操作程序，包括但不限于下述内容：对设备、设施、工艺、加工和流程的改进；产品的重新生产和设计；材料的替换；在管理、存货控制、材料处理或设备的普通运行阶段等方面的改进。

（5）风险鉴定和评价。

（6）BMP 事故报告。

（7）材料的兼容性。

（8）完善的内部管理。

（9）预防性维护。

（10）检查和记录。

（11）安全。

（12）员工培训。

b. 包括下述 BMP 方案核查的相关规定：

（1）可由企业工程技术人员和管理者进行审核；

（2）可由企业的最佳管理实践委员会进行审核和批注；

（3）作出申明，申明内容包括上述审核已经完成，且 BMP 方案履行了许可证中设立的要求。申明应由每一位最佳管理实践委员会成员签署姓名和时间后，方可授权生效。

c. 设立特定 BMP 以满足上文第 3 部分所明确的目标，重视每一个可能产生或引起大量污染物排放的部分或系统，确定特定的预防性或补救性措施以便实施。

d. 设立特定 BMP 或其他能够确保下列特殊要求得到满足的方法：

（1）依照《资源保护和修复法案》（RCRA）所发布的条例，设立固体危险废物的合理管理制度。BMP 方案中应引用 RCRA 条例中要求的管理实践。

（2）体现法案的 311 章节和联邦法规第 40 卷 112 章中防溢、控制和对策（SPCC）方案的要求，可通过引用的方式将这些方案中的任一部分纳入 BMP 方案。

（3）体现法案的 402（p）章节和联邦法规第 40 卷 122 章 26 节和 44 节中对暴雨径流控制的要求，或尽可能减少暴雨径流污染。

（4）其他。

**许可证编写者需要根据上文第 4 部分 d 项为每个设施制定措施。设施的生产工艺和区域的内部管理问题、违规操作、溢流/泄漏或其他能通过 BMP 进行补救的问题，应在此处予以标注。若问题已经有解决办法（如更加频繁的检查、预防性维护等），这些措施也应该作为 BMP 方案要求的一部分。为了收集这些要求的有关意见，许可证编写者可以联系持证者、执行部门、设备检察员、运营办公部门、国家机构负责人。许可证编写者也可查阅其他许可证和 BMP 方案中类似设施的要求。**

5. 文件材料

持证者应该持有有关设备的 BMP 方案副本，并应按照要求向 EPA（和/或国家机构）提交该方案。所有被要求持有 NPDES 许可证副本的持证者办事处也应该持有 BMP 方案的副本。

6. BMP 方案的修正

一旦设施或运行发生改变导致污染物的产生量和排入受纳水体的排放量增加，持证者需要修正 BMP 方案。当企业的运营变化小于 BMP 方案的改动时，持证者也应该对方案进行适当改进。对 BMP 方案的任一变动都应与上述所列的目标和特殊要求保持一致。所有在 BMP 方案中发生的变动应以书面形式向 EPA（和/或国家机构）汇报。

7. 对无效率方案的修正

任何情况下，若 BMP 方案不能达到有效去除（或尽可能减少）污染物产生量、流入受纳水体排放量的总体目标或上述特殊要求，那么需要修改许可证或 BMP 方案并改进 BMP。

环境管理包括源头预防、回收、处理和处置环节，它提供了一系列的治理选择，并非将污染防治作为唯一可取的方法。多层次环境管理体系可应用于许多不同情况。源头预防包括通常所说的生产工艺循环利用，以环境无害的方式进行回收，其具有与污染治理相同的优点，例如保护能源和资源，减少末端治理与废物排放。

在 NPDES 项目中，BMP 是内在的污染防治措施。传统的 BMP 注重完善内部管理方法和管理技术，以此避免因泄漏、溢流和不合理的废物处置引起污染物与水体的接触。而在法规授权下，BMP 能够涵盖全部污染防治过程，包括生产改造、运营管理变动、材料替代、原料和用水节约等方法。

### 8.1.4 达标期限

NPDES 联邦法规第 40 卷 122 章 47 节允许许可证编写者设定达标期限[①]，从而给持证者额外的时间来达到《清洁水法》和其他适用法规的要求。根据该条款设定的日程安排要求持证者必须尽快达标，且不能超过法案设定的最后达标期限。在以下情况下设定达标期限是合理的：

- ❖ 制定预处理项目；
- ❖ 污泥利用和处置项目的开发和执行；
- ❖ 申请新版/修订版排放指南；
- ❖ 申请新版/修订版水质标准；
- ❖ BMP 方案的制定和实施；
- ❖ 暴雨径流、合流制溢流污水和下水道溢流污水控制项目的制定和实施。

即使设定的达标期限适用于某一 NPDES 项目的要求，但若该要求已超过法定截止日期，设定达标期限仍不适合。尤其是在下列情况下，设定的达标期限并不适用：

（1）达到基于技术的排放限值

在下述两种情况下不能设定达标期限，因为已超过针对以下 3 种标准进行处理的法定期限：基于最佳实用技术的标准（Best Practicable Control Technology Currently Available，BPT）、基于最佳可行性技术的标准（Best Available Technology Economically Achievable，BAT）和基于常规污染物最佳控制技术的标准（Best Conventional Pollutant Control Technology，BCT）。

- ❖ 对 BPT 来说，最后期限为 1977 年 7 月 1 日；
- ❖ 对 BAT 和 BCT 来说，最后期限为 1989 年 5 月 31 日。

上述情况适用于现有的和新建的污染源。然而，需要指出的是，联邦法规第 40 卷 122 章 29 节（d）（4）款允许新排放源在 90 天内启动其污染控制设施并达到许可证排放要求，即最多可有 90 天的时间来实现达标排放。

（2）达到基于水质的排放限值

判定基于水质的排放限值达标期限是否可行，主要依据是适用的州水质标准的最初颁布时间。由于各州要在 1977 年 7 月 1 日前发布水质标准，且假定治污设施在此时间之前有机会能够达到标准，则如果水质标准发布于 1977 年 7 月 1 日之前，便不能采取达标期限。

如果州的水质标准发布于 1977 年 7 月 1 日之后，且该州的水质法规允许设定达标期限以达到标准要求，那么可根据联邦法规第 40 卷 47 章设定达标期限；如果州的水质标准发布于 1977 年 7 月 1 日之后，但该州的水质法规不允许设定达标期限，则不可设定达标期限（参见 Star-Kist Caribe，Inc.，NPDES Appeal No. 88-5）。

当持证者无法达到许可证要求，且依照联邦法规第 40 卷 122 章 47 节的规定不允许设定达标期限时，可行的替代做法是根据《清洁水法》第 309 条在颁发许可证的同时发布行

---

① 译者注：达标期限（Compliance Schedules），在此处达标并不完全是国内所指的污染物指标达到标准数值，还包括污染防治措施符合许可证要求等非定量的条件。

政命令（包含达标期限）。

## 8.2　与工业相关的暴雨径流排放的许可情形

如第 2 章所述，所有与工业活动相关的暴雨径流排放，若通过单独的城市分流制雨水系统（Municipal Separate Storm Sewer System，MS4）排放或直接排入联邦水体，必须获得 NPDES 排放许可证。根据 1990 年 11 月 16 日发布的《暴雨径流申请条例》，EPA 和授权颁发 NPDES 许可证的各州要为超过 10 万个工业设施发放暴雨径流排放的许可证。考虑到排放的性质（即暴雨径流排放）和需要获得许可证的设施数量众多，EPA 和大部分授权颁发 NPDES 许可证的各州选择为需要暴雨径流排放许可的设施提供一般许可证。

与利用基于技术和水质的定量排放限值来控制污染物的排放不同，暴雨径流中的污染物主要采用污染防治方案进行控制。制定和实施特定场所的暴雨径流污染防治方案是 EPA 和各州颁发暴雨径流一般许可证时最重要的要求。特定场所的暴雨径流污染防治方案允许持证者制定和实施控制本企业暴雨径流排放最适合的“最佳管理实践”，无论该方案是工程性的还是非工程性的。

EPA 颁发的暴雨径流一般许可证所涵盖的每个工业设施必须制定一项污染防治方案，并根据特定的场地条件对该方案进行修改，同时以控制场地的暴雨污染物排放量为目标。EPA 颁发的暴雨径流一般许可证的特殊情形规定了每个设施必须包括在其所属的暴雨径流污染防治方案中，包括：

❖ 对设施潜在污染源的描述，包括：
  —一张可以表明排水系统位置以及每个排水区域上所进行的工业活动的设施分布图；
  —可能会遭到暴雨淋袭的物品清单；
  —描述场地可能的污染排放源，并预测暴雨径流排放中可能存在的污染物；
  —在过去 3 年里发生过的有毒、有害物质泄漏事件。
❖ 用于防止或减少暴雨径流污染的措施或控制手段，包括：
  —对暴露于雨中的工业场所进行良好的日常管理或维护；
  —对暴雨径流控制设备和其他设备的预防性维护；
  —对泄漏的预防和应急机制；
  —对排水口的检测以确保无非法排放；
  —对员工进行污染防治与控制措施的培训并保存记录。

对于许可证编写者来说，在为暴雨径流控制制定合适的许可证条款时，最好的信息来源是其他的暴雨径流一般许可证。以现有的一般许可证为基础编制相关条款可避免重复劳动，值得提倡。在 EPA 的点源信息供给交换系统（PIPES）中可以找到 EPA 和其他经授权的州发布的一般许可证清单（暴雨径流的和非暴雨径流的），这些均可作为许可证编写的参考资料。上述的点源信息供给交换系统可通过 EPA 的主页查询（http：/www.epa.gov）。此外，EPA 还制定了以下指导文件以帮助许可证编写者明确暴雨径流污染防治方案并协助持证者开发以下计划：

- 《工业活动的暴雨径流管理：制定污染防治方案和最佳管理实践》①；
- 《建设活动的暴雨径流管理：制定污染防治方案和最佳管理实践》②。

## 8.3 市政设施的特殊情形

本节讨论了只对市政设施适用的几种（编制特殊情形的）条款，包括污泥处置要求、合流制溢流污水要求、下水道溢流要求和城市分流制雨水系统要求。这些情况要求市政污水处理厂（Publicly Owned Treatment Works，POTW）为它们的工业用户实施适用当地的预处理项目。

### 8.3.1 国家预处理项目

《清洁水法》第 402 条（b）（8）款要求那些收集第 307 条（b）款中列出的主要工业污染源污水的市政污水处理厂必须建立预处理项目以确保达标。该实施条款在联邦法规第 40 卷 403 章 8 节（a）款中规定："任何设计流量超过 18 900 $m^3$/d，且接收工业污水（这些污水直排，或影响市政污水处理厂的运作，或按照规定需要预处理）的市政污水处理厂（或者一组被相同机构管理的市政污水处理厂）必须建立预处理项目，除非执行 NPDES 的州选择承担《清洁水法》第 403 条 10（e）款中规定的本地责任。"如果条件允许，EPA 可以要求设计流量小于等于 18 900 $m^3$/d 的市政污水处理厂建立预处理项目[40 CFR 403.8（a）]，另外若实施 NPDES 计划的某州拥有经许可的预处理项目，也可以做同样的要求。建立预处理项目这一要求只适用于选择该项目的市政污水处理厂或州[403 CWA 10（e）]。这主要是因为预处理条令（40 CFR 403）只适用于市政污水处理厂、市政污水处理厂的工业用户以及向市政污水处理厂发放许可证的州和 EPA 办公室。

自 1978 年起，约 1 500 家市政污水处理厂被要求按照 NPDES 许可证的特殊情形建立和实施预处理项目。预处理项目用以处理进入市政污水处理厂的工业废水并达到市政污水处理厂的 3 个目标：①避免污水不经处理直排；②避免对环境的影响，包括市政污泥处理处置过程中产生的影响；③提高市政和工业再生水回用率与污泥资源化率。

按照联邦法规第 40 卷 403 章 8 节（c）（d）（e）款中的预处理条令以及联邦法规第 40 卷 122 章 44 节（j）（2）款的 NPDES 法规规定，建立和实施市政污水处理厂预处理项目这一要求被纳入市政污水处理厂 NPDES 许可证中，并被列为强制条件。

预处理项目的制定与项目的实施是两个独立的步骤。NPDES 许可证中要求市政污水处理厂制定预处理项目，市政污水处理厂需要提交符合联邦法规第 40 卷 403 章 9 节（b）款要求的可行计划。需要特别指出的是，这些要求是联邦法规第 40 卷 403 章 8 节（f）款中规定的项目条款。联邦法规第 40 卷 403 章 8 节（f）款要求市政污水处理厂只能行使特定的法律授权（通常是市政法令或一系列法规）和程序。市政污水处理厂必须提交一个详述其法定授权的大纲，用以：

---

① USEPA (1992).*Storm Water Management for Industrial Activities: Developing Pollution Prevention Plans and Best Management Practices*.EPA 832-R-92-006.Office of Water.

② USEPA (1992). *Storm Water Management for Construction Activities: Developing Pollution Prevention Plans and Best Management Pracfices*. EPA 832-R-92-005.

①当工业用户排向市政污水处理厂的污染物数量/种类增加或性质发生改变时，否定原有情形并要求新的许可情形。

②要求工业用户服从适用的预处理标准和规定。

③通过许可证、命令或相似手段控制每一位工业用户排向市政污水处理厂的污染物量以确保能够符合适用的预处理标准和要求。这些控制机制必须包含 403 章 8 节（f）（l）（iii）款中的特定情形并具可操作性。

④在必要时，可设定达标期限来要求工业用户采用某种特定技术达到适用的预处理标准和要求，提交公告和自我监测报告用以评估和确保其排放的合法性。

⑤执行检查、监督和必要的监测程序（这需要进入工业用户厂房的权限），从而在不依赖工业用户提交的信息的条件下，判定是否符合适用的预处理标准和要求。

⑥对违规排放行为进行补救，例如禁止令、罚款等。

⑦遵守保密规定。

此外，市政污水处理厂至少应完成下列任务：

①识别并找出所有可能成为市政污水处理厂预处理对象的工业用户；

②识别这些工业用户向市政污水处理厂排放污染物的特征和排放量；

③提醒工业用户应遵守《清洁水法》第 204 条（b）款和第 405 条以及 RCRA 中 C 和 D 子部分中规定的预处理标准和要求；

④接收并分析自我监测报告；

⑤开展独立于工业用户所提交信息之外的取样、监察和其他监控措施，确保符合适用的排放标准和要求；

⑥调查超标案例；

⑦开展公众参与，包括对过去 12 个月内显著超标的企业进行年度公示。

同时，作为预处理项目的一部分，市政污水处理厂必须有充足的资源和资金实施该项目，评估制定污水处理厂限值[①]的必要性，并在有必要的情况下制定并实施工作反馈方案。

许可证要求市政污水处理厂提交项目文件，其中需要详细描述其法律授权、拟实施的项目程序以及联邦法规第 40 卷 403 章 9 节中规定的其他项目信息。许可证允许市政污水处理厂最多有一年的时间（从许可证管理部门确定有必要实施预处理项目开始算起）来拟定和提交待审批的项目文件。一旦许可证管理部门审核并批准了该项目，项目便被纳入许可证，成为许可证中强制执行的一部分。

通常在换发许可证时就要把建立预处理的规定包含进去。不过若事出有因，这项规定也可以在修改许可证的时候加入，例如“……单个工业用户或工业用户群排入市政污水处理厂的污染物对处理设施的运行、受纳水体水质、人体健康或环境有较大危害时”[40 CFR 403.8（e）（1）]。因建立预处理项目而修订许可证被视为一项重大的修改，必须按照联邦法规第 40 卷 122 章 62 节的步骤进行。

将一个已批准的预处理项目纳入许可证并使之成为强制执行的内容——这属于对许可证的简单改动，应按照联邦法规第 40 卷 122 章 63 节（g）款规定的步骤进行。只有在许可证有效期内，市政污水处理厂才可对已批准的预处理项目进行修正（如当地排放标准的

① 译者注：指污水处理厂给纳管企业制定的限值。

改变、法令的改变等）。这些变化可能是市政污水处理厂自己想要改变项目运行方式，也可能是许可证管理部门在监察和审计过程中发现了不足从而进行必要修正。不论修正的缘由是什么，依据联邦法规第40卷403章18节，所有涉及实质性改变的修正都需要许可证管理部门（批准机构）的审核和批准。所有市政污水处理厂预处理项目若要被批准，都需要对许可内容进行次要修改。

**法规更新**

1996年12月，EPA提出了两项影响市政污水处理厂预处理项目许可要求的法规。其一，是对“预处理项目的必要修正”做出定义的法规。EPA正在重新考虑如何定义“必要修正”，并提议缩短清单长度从而减少许可证的小幅修改。其二，EPA提出了一项适用于市政污水处理厂申领NPDES许可证的新法规。当前法规要求市政污水处理厂评估制定污水处理厂限值的必要性。而提案则要求在换领许可证时再进行评估并提交。因而许可证中需要明文表达对这项要求的执行情况。

绝大多数在许可证中有预处理项目要求的市政污水处理厂一般已经建成。EPA区域办公室和经授权的各州政府已经制定了标准的预处理开发或实施条件情形（有时会做简单修改以使情形适用于特定的许可证），并将其纳入各自的所有预处理的NPDES许可证中。许可证编写者可以从EPA或者州的预处理项目联系人处获得这些NPDES预处理条件的范例，只需要更新或修改预处理实施的相关术语，或者对相关活动进行修正。

实施NPDES许可证的州或者EPA区域办公室常常会指定一位预处理项目联系人作为预处理专家，来负责审核市政污水处理厂的年度报告并提出相关建议措施。该联系人在处理预处理相关事宜特别是再度颁发NPDES许可证时起着关键作用。EPA为市政污水处理厂如何实施当地的预处理项目准备了一系列的导则。

对许可证编写者来说，从POTW预处理项目中获得的信息和监测数据是有用的，可帮助许可证编写者判定如何修订预处理项目的程序或污水处理厂限值，或判定是否有必要设定基于水质的控制限值。尽管目前在许可证申请时并不要求提交对特定化学有毒物质排放的监测情况，但大多数实施预处理的污水处理厂都开展了对进水、出水和污泥中有毒物质的监测。许可证编写者要在预处理项目联系人的协助下获得相关监测数据。这些数据可以用来决定是否有必要建立基于水质的排放限值。

### 8.3.2 市政污水处理厂污泥

《清洁水法》第405条（d）款要求EPA对污水处理厂污泥的综合利用和处置进行管制，以保护公众健康和环境免受由此所带来的可预见的不利影响。按照《清洁水法》的规定，国会指导EPA为市政污泥使用和处置设定技术标准。联邦法规第40卷503章中陈述了这些标准。国会还对达到这些标准的时间设立了严格的期限，要求必须在标准发布后的一年内达到要求，只有在需要建设新的污染控制设施时才可将期限放宽至两年。

EPA于1993年2月19日颁布了关于污泥综合利用和处置的联邦法规：第40卷503章标准（58 FR 9248）以及1994年2月19日（59 FR 9095）和1995年10月25日（60 FR 54764）的修正案。这些法规探讨了关于污泥综合利用和处置的四个方面：土地利用、露天处置、焚烧、在市政固废填埋场的处置。每一项针对末端使用和处置方法的标准均由以下部分组成：一般要求、定量的污染物限值、操作标准和管理措施，以及监测、记录保存和报告要求。与基于处理技术对污染物的去除能力而设定的技术标准不同，EPA 建立的污泥标准是以人体健康和环境风险为参考的。

联邦法规第 40 卷 503 章对四类主体实施强制要求：

- ❖ 污泥或污泥残渣的拥有者；
- ❖ 污泥项目的土地利用者；
- ❖ 污泥露天处置场地的拥有者/运行者；
- ❖ 污泥焚烧炉的拥有者/运行者。

这项法规很大程度上是自主实施的。这意味着任何从事与法规相关活动的人在设定期限前须自觉遵守相关要求。违反联邦法规第 40 卷 503 章要求的人将受到行政、民事和/或刑事处罚。

《清洁水法》第 405 条（f）款要求在每个发放给生活污水处理厂（TWTDS）的许可证中加入对污泥的综合利用与处置的要求，并批准为尚未进行污泥排放的生活污水处理厂颁发污泥许可证。为建立污泥使用处理机制，EPA 在 1989 年 5 月 2 日发布了对 NPDES 许可证法规联邦法规第 40 卷 122 章和 124 章的修订（54 FR 18716）。修订扩大了 EPA 的管理权，使其能在 NPDES 许可证中加入污泥使用和处理标准，并将许可证颁发给一些生活污水处理厂。这些污水处理厂不直接向联邦水体排放污水却以产生者、使用者、所有者或管理者等身份被归类到参与污泥使用或处置活动的相关行列。生活污水处理厂包含所有污泥产生及压缩装置，例如搅拌机。

EPA 意识到，联邦法规第 40 卷 503 章的实施可能会给许可证编写者以及已经具有含污泥特殊排放条件在内的 NPDES 许可证持证者造成困惑。因此，目前 NPDES 污泥许可条件与联邦法规第 40 卷 503 章的要求是同时应用的。EPA 预计在一段时间后，NPDES 中所有有关污泥的要求都会被修订，从而使其涵盖联邦法规第 40 卷 503 章中的要求。为了减少疑惑，EPA 提供了多项指导文件来解释联邦法规第 40 卷 503 章中的要求：

- ❖ 联邦法规第 40 卷 503 章实施指南①；
- ❖ 污泥的土地利用——这份导则指导土地利用者对联邦法规第 40 卷 503 章中污泥综合利用与处置的联邦标准所规定的项目进行记录与报告②；
- ❖ 污泥的地面处置——这份导则指导露天处置设施的所有者/运营者对联邦法规第 40 卷 503 章中污泥综合利用与处置的联邦标准所规定的项目进行监测、保留记录和报告③；
- ❖ 为土地利用或露天处置制备污泥——这份导则指导污泥制备者对联邦法规第 40 卷 503 章中污泥综合利用与处置的联邦标准所规定的项目进行监测、保留记录和报告④；

---

① USEPA (1995).*Part 503 implementation Guidance*.EPA 833-R-95-001.Office of Water.

② USEPA (1994). *Land Application of Sewage Sludge-A Guide for Land Appliers on the Record keeping and Reporting Requirements of the Federal Standards for the Use and Disposal of Sewage Sludge Management in 40 CFR Part 503.* EPA-831/B-93-002c.Office of Water.

③ USEPA (1994). *Surface Disposal of Sewage Sludge-A Guide for Owner/Operators of Surface Disposal Facilities on the Monitoring, Record Keeping, and Reporting Requirements of the Federal Standards for the Use and Disposal of Sewage Sludge in 40 CFR Part 503.* EPA-831/B-93-002b.Office of Water.

④ USEPA (1993). *Preparing Sewage Sludge for Land Application or Surface Disposal—A Guide for Preparers of Sewage Sludge on the Monitoring, Record keeping, and Repotfing Requirements of the Federal Standards for the Use or Disposal of Sewage Sludge in 40 CFR Part 503.* EPA-831/B-93-002a.Office of Water.

❖ 生活垃圾管理条例，针对联邦法规第 40 卷 503 章的导则[①]；
❖ 污水处理厂污泥病原体控制和稳定化[②]。

许可证编写者应当参考联邦法规第 40 卷 503 章实施指南[③]，以及 EPA 区域办公室和各州的导则或政策，从而获知如何将联邦法规第 40 卷 503 章中提出的标准应用到许可证中。许可证编写者要判断持证者所采用的污泥处置利用方法的类型并应用合适的标准。总体说来，需要对以下情况加以说明：

❖ 污染物浓度或负荷率；
❖ 运行标准，例如土地利用、露天处置中病原体稳定化要求，或者焚烧炉内的总烃浓度要求；
❖ 管理实践，例如场地限制、设计要求、运行实践；
❖ 监测要求，例如待监测的污染物种类、取样地点、频率以及样品收集和分析方法；
❖ 保存记录的要求；
❖ 报告要求，例如报告内容、频率或者报告提交期限；
❖ 一般要求，例如在申请土地、提交和发布露天处置场地关闭计划前的具体通知要求。

除了特定适用的联邦法规第 40 卷 503 章标准之外，在 NPDES 许可证中必须包含三种标准样式情形：①要求市政污水处理厂/生活污水处理厂遵守所有现有的污泥综合利用与处置要求的规定，包括联邦法规第 40 卷 503 章标准；②重新协商条款，若有技术标准比许可证中的情形更加精确或覆盖面更广，则应批准重新修改许可证，将这些技术标准纳入许可证；③通告条款，规定持证者的污泥综合利用与处置行为发生（或计划发生）重大变化时必须通告许可证管理部门。

如果基于现有法规的许可证内容不足以保护公众健康和环境免受污泥中有毒物质的不利影响，可根据许可证情形的具体问题具体分析，应用 BPJ 满足法规要求。EPA 的联邦法规第 40 卷 503 章实施指南[④]包含了协助许可证编写者根据个案制定污染物限值和管理措施要求的信息，以保护公众健康和环境免受污泥中有毒物质的不利影响。

### 8.3.3 合流制溢流污水（CSO）

设计合流制下水道系统的目的在于同时收集生活污水和工业废水以及暴雨径流。在旱季，合流制下水道将生活污水和工业废水输送至污水处理厂；然而在降雨量较大的雨季，合流制暴雨径流与未经处理的生活废水包括工业废水会发生溢流，并直接排放未处理的污水进入受纳水体。这些溢出的污水就是合流制溢流污水（Combined Sewer Overflow，CSO）。

1994 年 4 月 19 日，EPA 在联邦公报上发布了 CSO 控制政策（59 FR 18688）。这是一个全国性的综合战略，其意义在于召集市政部门、许可证管理部门、水质标准制定部门和公众共同努力，从而有效控制合流制溢流污水，并最终达到适宜的人体健康和

---

① USEPA (1993). *Domestic Septage Regulatory Guidance—A Guide to the EPA 503 Rule*. EPA-832/B-92-005.Office of Water.

② USEPA (1992).*Control of Pathogens and Vector Attraction in Sewage Sludge*.EPA-625/R-92-013.Office of Research and Development.

③ USEPA (1995).*Part 503 implementation Guidance*. EPA 833-R-95-001.Office of Water.

④ USEPA (1995).*Part 503 implementation Guidance*.EPA 833-R-95-001.Office of Water.

环境目标。

合流制溢流污水被看做是点源排放，需要同时遵守《清洁水法》中基于技术的要求以及适用的州水质标准。依照《清洁水法》（Clean Water Act，CWA），CSO 必须遵守适用于非常规的和有毒污染物的基于最佳可行技术的标准（BAT）以及基于常规污染物最佳控制技术的标准（BCT）。然而，目前尚未颁布 BAT/BCT 排放限值和对 CSO 的限值。因此，许可证编写者为控制 CSO 设定基于技术的许可要求时，必须使用最佳专业判定（BPJ）。此外，许可情形还必须能达到适用的水质标准。

1994 年版的 CSO 控制政策包含了对制定和颁布用于控制 CSO 的 NPDES 许可证的建议措施。此外，EPA 已经制定了以下指导文件用以帮助许可证编写者和持证者实施 CSO 控制政策：

- 《合流制溢流污水——长期控制计划指南》①；
- 《合流制溢流污水——九项基本控制措施》②；
- 《合流制溢流污水——检查和评级指南》③；
- 《合流制溢流污水——监测和模拟指南》④；
- 《合流制溢流污水——财力评估和日程安排指南》⑤；
- 《合流制溢流污水——融资选择指南》⑥；
- 《合流制溢流污水——许可证编写者指南》⑦。

《合流制溢流污水——许可证编写者指南》包括了指南和许可证编写者可使用的编写术语。由于控制合流制溢流污水需要长期规划、建设、投资和持续再评估，所以 CSO 控制措施可能持续数个许可证周期。《合流制溢流污水——许可证编写者指南》阐述了针对 CSO 的阶段性许可方法。专栏 8-1 描述了这种阶段性许可方法以及每个阶段应该建立的许可情形类型。一个许可证可同时包含阶段 I 和阶段 II 的内容，这取决于特定持证者的自身情况。适用于 CSO 的初级许可证情形，被称为阶段 I 许可要求，应对下列内容进行说明：

- 在 1997 年 1 月 1 日前尽快实施基于技术的 CSO 控制措施。政策规定九项基本 CSO 控制措施，基于许可证编写者的最佳专业判定，这些措施是最基本的 BAT/BCT。专栏 8-2 列出了这九项基本控制措施（Nine Minimum Controls，NMC）。
- 通常在许可证颁发的两年内可制定一项 CSO 长期控制计划（Long-Term Control Plan，LTCP）。LTCP 应该说明的基本要素见专栏 8-3。

①USEPA (1995).*Combined Sewer Overflows-Guidance for Long-Term Control Plan*.EPA-832/B-95-002.

②USEPA (1995).*Combined Sewer Overflows-Guidance for Nine Minimum Controls*.EPA-832/B-95-003.

③USEPA (1995).*Combined Sewer Overflows-Guidance for Screening and Ranking*.EPA-832/B-95-004.

④USEPA (1995).*Combined Sewer Overflows-Guidance for Monitoring and Modeling.(DRAFT)*.EPA-832/B-95-005.

⑤USEPA (1995).*Combined Sewer Overflows-Guidance for Financial Capability Assessment and Schedule Development (DRAFT)*. EPA-832/B-95-006.

⑥USEPA (1995).*Combined Sewer Overflows-Guidance for Funding Options*.EPA-832/B-95-007.

⑦USEPA (1995).*Combined Sewer Overflows-Guidance for Permit Writers*.EPA-832/B-95-008.

专栏 8-1 CSO 许可证情形的类型

| NPDES 许可证 | 阶段 I（5 年内） | 阶段 II（5～10 年内） | 阶段 II 之后（10 年以后） |
|---|---|---|---|
| A. 基于技术层面的 | • NMC，最低水平 | • NMC，最低水平 | • NMC，最低水平 |
| B. 基于水质层面的 | • 描述性的 | • 描述性的+基于绩效的标准 | • 描述性的+基于绩效的标准+量化的基于水质的排放限值（合适的） |
| C. 监测 | • 对 CSS 的特征描述、监测和模拟 | • 监测以评估水质影响<br>• 监测以评估 CSO 控制效果 | • 运营期的达标监测 |
| D. 报告 | • NMC 实施的文件记录<br>• LTCP 中期成果汇报 | • CSO 控制的实施（包括 NMC 和 LTCP） | • 运营期的监测结果汇报 |
| E. 特殊情形 | • 旱季污水溢流（DWO）预防<br>• LTCP 的制定 | • DWO 的预防<br>• LTCP 的实施<br>• 违反水质标准后的重新协商条款<br>• 敏感地区的再评估 | • DWO 的预防<br>• 违反水质标准后的重新协商条款 |

专栏 8-2 九项基本 CSO 控制措施

1. 对排水系统和 CSO 项目的正确操作及定期维护；
2. 存储收集系统的最大限度使用；
3. 检查并修正预处理要求以确保 CSO 的影响最小化；
4. 使流入市政污水处理厂的待处理污水流量最大化；
5. 预防在旱季出现溢流；
6. 对 CSO 中的固体和漂浮物进行控制；
7. 建立污染预防项目；
8. 进行公示以使公众充分了解 CSO 的产生和影响；
9. 通过监测有效掌握 CSO 的影响以及 CSO 控制的效果。

专栏 8-3 CSO 长期控制计划的要素

1. 合流制排水系统的特征描述、监测和模拟；
2. 公众参与；
3. 敏感地区的考量；
4. 替代方案的评估；
5. 成本/绩效考量；
6. 工作计划；
7. 现有市政污水处理厂处理量的最大化；
8. 实施日程；
9. 运营期的监测项目。

NPDES 许可证对 CSO 进行的第二轮控制（即阶段Ⅱ）将涵盖特定许可条件，包括九项基本措施的持续实施，以及长期控制计划中注明并筛选出的方法的实施。许可证编写者需要重新审核持证者的长期控制计划，咨询参与 CSO 控制过程的员工以及其他持证者，从而制定合适的许可情形。对于合流制下水道系统，水质的控制既基于定性的要求也基于绩效的标准。最后，公布的阶段Ⅱ许可情形将对 NMC 的持续实施、CSO 长期控制和后期监督性监测进行说明。如果有充足的数据支持，也可以制定量化的基于水质的排放限值。

制定出的许可证既要满足基于技术的排放限值也要符合州水质标准。故许可证编写者应与制定水质标准的相关人员以及持证者一起，基于当地情况做出合适的考虑，从而确定在许可证中的 CSO 情形。EPA 认为以下信息对制定合适的情形有重要意义：

❖ CSO 排放：
  —CSO 排放的流量、频率和持续时间；
  —CSO 排放过程中的可获得的污水特征数据；
  —有关 CSO 排放影响的可获得的信息和数据[例如，305（b）报告、环境调查数据、鱼类死亡、304（1）清单中的受破坏水体等]；
  —CSO 所有者的达标情况记录，包括已经采取的所有 CSO 控制措施的绩效和可靠性；
  —目前的 NPDES 许可证或其申请情况；
  —从持证者处获得的与 CSO 处理相关的设施规划。

❖ 技术：
  —可能应用的各类 CSO 技术的绩效数据（也可从生产者或其他应用途径获得），包括设备的效率与可靠性；
  —与 CSO 技术相关的安装、运行和维护的费用信息；
  —各类 CSO 技术的参考资料（例如，联邦水环境实施手册、美国化学工程师协会出版物等）。

### 8.3.4　城市分流制雨水系统（MS4）

1990 年 11 月 16 日（55 FR 47990）颁布的暴雨径流申请条例设定了一类由两部分组成的许可证。该类许可证的第一部分允许地方政府协助确定市政优先污染源，并合理控制由上述污染源排放到城市分流制雨水系统（Municipal Separate Storm Sewer System，MS4）中的污水。在申请的第二部分中要求市政申请者提出市政暴雨径流管理项目，从而实现在“最大可行性范围”（Maximum Extent Practicable，MEP）内控制污染物，以及有效地阻止非暴雨径流排入市政系统。市政暴雨径流管理项目结合了源头控制与对市政系统范围内污染来源的管理措施。举例来说，如果市政当局希望对城市进行新的建设，则可能将注意力集中在提出新的建设要求上。反过来说，如果市政当局不准备进行大的建设，则可能更多地将注意力集中在影响暴雨水质的市政行为上，例如对泄漏的生活污水管道的维护、道路的除冰和维护、市政填埋场的运行、防洪工作的开展以及暴雨中工业建设活动的控制等。

与任何 NPDES 许可证一样，MS4 许可证必须符合适用的各项技术要求（即最大可行性范围）以及水质标准。然而，其与市政污水处理厂以二级处理标准定义基于技术的标准不同，与大多数工业源发布的排放限值指南也不同，目前尚没有已颁布的技术标准可以用于定义最大可行性范围。因此在制定合适的许可情形时，许可证编写者必须借助法规中规定的应用标准和用户提交的管理项目。EPA 已经制定了如下指南以协助许可证编写者和持证者实施市政暴雨径流项目：

- 指导手册——针对城市分流制雨水系统污水排放的 NPDES 许可证申请准备中的第二部分[①]。

① USEPA (1992). *Guidance Manual for the Preparation of Part 2 of the NPDES Permit Applicationfor Discharges from Municipal Separate Storm Sewer Systems.* EPA-833/B-92-002. Office of Water.

# 第 9 章　NPDES 许可证标准情形

本章描述了标准情形，即“样板”情形，每个许可证都包含一些预先设定好的条件。联邦法规第 40 卷 122 章 41 节、42 节描述了在法律、行政和程序上对许可证标准情形的要求，对定量许可证限值起到了重要的支持作用。标准情形可逐字地插入规章中，或作为对许可证的详细参考纳入许可证中。标准情形包含若干内容，包括定义、检验程序、记录保留、通知要求、对违规的处罚以及持证者的责任。

采用标准情形有助于确保美国环保局（Environment Protection Agency，EPA）或 EPA 区域办公室颁发的国家污染物排放削减体系（National Pollutant Discharge Elimination System，NPDES）许可证的统一性和一贯性。许可证编写者需要了解标准情形的内容，因为可能经常需要向持证者解释这些情形。法规定期修订后，许可证编写者应该了解联邦法规第 40 卷 122 章 41 节中的标准情形的最新版本。

## 9.1　一般常规内容

下面简单罗列了每个 NPDES 许可证中的标准情形：

❖ 遵守的义务[40 CFR 122.41（a）]——持证者必须遵守许可证中的所有条件，否则就违反了《清洁水法》，并会受到以下处罚：禁止令、罚款、监禁、变更或终止许可证、不允许续期许可证。

❖ 重新申请的义务[40 CFR 122.41（b）]——如果持证者在许可证期满后仍想继续排污，则必须重新申请许可证。

❖ 必须停止或减少排污行为，不得抗辩[40 CFR 122.41（c）]——持证者不得辩护其不遵守排污要求的行为，必须停止或减少其不遵守排污要求的做法。

❖ 降低危害的义务[40 CFR 122.41（d）]——持证者必须采取一切合理的方法来防止任何违反许可证的、对人类健康和环境可能造成不利影响的行为，包括污水排放及污泥不当使用或处置。

❖ 合理的运行和维护[40 CFR 122.41（e）]——持证者必须合理地运行和维护其许可证中规定的所有设备和处理系统。持证者必须提供适当的实验室控制和质量保证程序，并提供备用系统来保证达标排放。此外必须保证至少运行一条主要的处理工艺流程。

❖ 许可行为[40 CFR 122.41（f）]——持证者可以要求对许可证进行修改、撤销、重新印发、终止，还可以通报可能出现的违规或许可条件的变更，但这期间不能停止遵守许可证的任何要求。

❖ 财产权[40 CFR 122.41（g）]——许可证不能表征任何种类的财产权利或任何特权。

- 提供信息的义务[40 CFR 122.41（h）]——持证者必须提供所有能够判断执证者行为是否符合许可证要求或者修改许可证所需求的信息。
- 审查和登记[40 CFR 122.41（i）]——持证者必须有负责人或代理人出具的许可证明，才能进入监管排污行为或记录的场所。该负责人有权限复制任何需要的记录，检查设施、运行操作、设备和样本或者在合理的时间内进行监测。
- 监测和记录[40 CFR 122.41（j）]——监测样本必须有代表性。记录必须保留 3 年（污泥记录需要保留 5 年），并可以应负责人要求延长保留时间。监测和记录需注明采样日期和人员、采样的地点和时间、分析样品所使用的分析技术和相应的结果。废水和污泥的测定必须遵循联邦法规第 40 卷 136 章或 503 章以及其他规定。伪造结果是违法的行为。
- 签字和认证要求[40 CFR 122.41（k）]——上交负责人的申请、报告或信息必须有署名和认证。有意做出虚假声明、陈述或证明的行为将受到处罚。
- 预期的变化[40 CFR 122.41（l）（1）]——所有可预期的变化和/或设施的增加必须尽快地报告给负责人。如果改变设施以确保新建污染源能够达标，或改变设施导致污染物的性质和浓度受到影响时均需要报告。
- 预计的不达标情况[40 CFR 122.41（l）（2）]——持证者必须提前报告任何可能造成不达标的情况。
- 许可证转让[40 CFR 122.41（l）（3）]——许可证不得转让，除非以书面的形式通知负责人。负责人可以根据需要修订、撤销或者重新发布许可证。
- 监测报告[40 CFR 122.41（l）（4）]——报告必须以排放监测报告（Discharge Monitoring Report，DMR）形式或负责人指定的污泥利用或处置的表格形式上报。此外，更频繁的监测必须上报。除粪大肠菌群外，其他计算所用的平均值必须使用算术平均值，且必须根据许可证要求的频率上报监测结果。
- 执行日程安排[40 CFR 122.41（l）（5）]——许可证规定的日程安排的报告必须在截止日期的前 14 天内上交。
- 24 小时上报[40 CFR 122.41（l）（6）]——持证者必须在意识到任何可能危害到人类健康和环境的违规行为后的 24 小时内上报，除非许可证监管部门不作要求，否则持证者必须在 5 天内提供包括联邦法规第 40 卷 122 章 41 节（i）（6）（ii）款所要求信息的书面报告。
- 其他违规行为[40 CFR 122.41（l）（7）]——当提交监测结果报告时，如果存在报告中未要求上报的其他违规情况，持证者必须上报该违规情况。
- 其他信息[40 CFR 122.41（l）（8）]——持证者若发现在他的申请中未提交一些事实，或者上报了部分错误信息，那么持证者必须立刻补充或纠正这些信息。
- 旁道溢流[40 CFR 122.41（l）（8）]——严禁从任何处理设施改道转移未经处理的污水，除以下两种情况以外：①旁道溢流不会造成出水超标的情形；②如果不实施旁道溢流可能造成生命危险、人身伤害或严重的财产损失，没有其他可行的替代方法并且已经递交了正式通知的情形。
- 运行不稳定[40 CFR 122.41（l）（8）]——当企业因为没有履行许可证规定而被处罚时，企业可以把运行不正常作为一个正当的辩护理由。持证者（有责任提供证据的人）必须有运行台账或其他材料显示：①运行不正常的时间和原因；②设备一直合理操作；③提交了适当的公告；④已采取了弥补措施。

## 9.2　其他内容

除了联邦法规第 40 卷 122 章 41 节中列出的标准情形，联邦法规第 40 卷 122 章 42 节还提出了适用于特定类别许可证的其他条件，包括：

❖ 现有的制造业、商业、采矿和林业的排放单位，当得知或有理由相信排放已经或者将要超出联邦法规第 40 卷 122 章 42（a）款中列出的公告值时，必须尽快通知 EPA。

❖ 当遇到新污染物排入污水处理厂、污染物的数量或性质发生巨大改变时，以及出现联邦法规第 40 卷 122 章 42 节（b）款列出的相关情况时，市政污水处理厂必须向 EPA 提供充足的信息。

❖ 大型、中型和 EPA 指定的城市分流制暴雨处理系统必须提交年度报告，注明雨水管理程序的状况和变化、水质数据以及其他联邦法规第 40 卷 122 章 42 节（c）款中指定的信息。

# 第 10 章　许可证的内容调整和其他规章相关事项

为了处理特殊情况，《清洁水法》（Clean Water Act，CWA）和国家污染物排放削减体系（National Pollutant Discharge Elimination System，NPDES）规章允许许可证编写者在某些法定的情况下调整许可证技术层面或水质层面的监管要求。以下将详细介绍 NPDES 项目中可调整的内容。

此外，NPDES 项目还制定了某些要求，以确保 NPDES 许可证满足其他环保项目的法令法规要求。故许可证编写者在制定许可证条件时需要考虑其他环境保护项目，并且与监管这些项目的管理机构合作。10.3 节介绍了这些注意事项和要求。

## 10.1　基于技术的许可证内容调整

《清洁水法》除了确定国家水污染控制的总目标外，还在一些特殊情况下提供许可证在技术层面上的修改机制，即许可证调整方法。申请人必须满足一些量化指标才能进行许可证调整。这意味着，调整是一种特殊情况，而且许可证编写者不希望经常收到调整的请求。许可证编写者应该了解各主要类型的调整和每类调整的基本要求。因为在将这些调整请求上交给国家层面的负责人（如需要）、环保局地区办事处和美国环保局（Environment Protection Agency，EPA）之前，许可证编写者可能需对其进行初步审查。许可证编写者应该参照联邦法规第 40 卷 124 章 62 节来制定不同类型的调整的决策程序。

对于任何一种特殊情况（从根本上对不同因素进行调整），调整的请求必须在许可证的公众评议结束前提交。以下探讨了调整的相关内容，以及在调整请求的技术决策中应该考虑的因素。

### 10.1.1　经济因素

《清洁水法》第 301 条（c）款规定了由于经济原因而调整非常规污染物基于最佳可行性技术（Best Available Technology Economically Achievable，BAT）的排放限值的方法（注：第 301 条（c）款没有执行条例）。当然，调整的请求必须根据《清洁水法》第 301 条（c）款的法律用语来制定和审查。此外，也可对联邦法规第 40 卷 122 章 21 节（m）（2）（ii）款的非指导性限值进行调整。通常，由排污者在许可证草案的公告期间对 BAT 指南中的排放限值提出调整请求。按照联邦法规第 40 卷 122 章 21 节（m）（2）款规定，其他时间也可提出申请。申请调整许可证的排放者必须阐明以下两点：

- ❖ 在所有者和经营者的经济能力范围之内最大可承受费用的治污设备；
- ❖ 许可证调整将使企业向着零排放目标进一步发展。

另外需要特别注意的是，公共事业的经济能力测算不同于其他行业。公共事业需执行两个资金测算，只有当两个测算均表明污染控制设备在经济上不可行，而且申请人能证明许可证的调整可使企业在零排放目标上“进一步发展”时，EPA 可以允许其进行调整。而其他类别的行业必须通过三个资金测算来证明它们因经济原因可以依照《清洁水法》301 条（c）款进行调整，并可从 EPA 的污水管理办公室获得这些资金测算的操作指导。一般情况下，只有在三个资金测算均表明所要求的污染控制在经济上不可行，且申请人对“合理地进一步发展”做出了必要的论证，EPA 才会批准此调整。

对《清洁水法》301 条（c）款第二个要求的修改（能进一步合理地向着零排放的目标发展），申请人必须至少能够证明其能满足所有适用的最佳实用技术（Best Practicable Control Technology Currently Available，BPT）限值和相关的水质标准。此外，拟定的替代方法必须能够在合理的程度上改善申请人的污染排放。

### 10.1.2　局部环境因素

《清洁水法》第 301 条（g）款规定，由于局部环境因素的影响，可对某些非常规污染物的最佳可行性技术（BAT）的排放限值进行调整。这些污染物包括氨、氯、色度、铁和总酚。排污者必须提交满足下列要求的调整申请：

- 修改后，必须能够满足受纳水体的 BPT 限值和相关的水质标准。
- 修改后，不需要对其他的点源或非点源排放进行额外处理。
- 修改后，不影响水质的达标或稳定以保障公共用水；保护和维持贝类、鱼类和野禽的种群平衡繁衍；不影响水上及水中的娱乐活动。此外，修改后的要求应防止各种污染物对人类健康和环境造成不可接受的风险，防止急性或慢性毒性的产生，防止协同作用的产生和恶化。

许可证编写者对该种申请进行审查时需保证其能遵守相关要求。这种调整申请涉及很多水质评估内容，包括水生生物毒性、混合区域和稀释模型分析，以及制定特定场地基准的评估。此外，还必须评估许多复杂的对人类健康的影响，包括致癌性、致畸性、致突变、生物富集作用和协同作用。所有许可证编写者都应该使用 EPA 技术指导手册草案的 301 条（g）项来评估一个完整的调整请求。已经申请了 301 条（g）项调整的典型行业包括钢铁制造业、蒸汽发电业、无机化学制造业、有色金属制造业、铝合金成形以及农药生产企业。

### 10.1.3　排海因素

《清洁水法》第 301 条（h）款规定了对排海污水处理厂的二级处理标准的调整事项，并且规定修改后的要求不会影响水质的达标与稳定。EPA 已经颁布了关于《清洁水法》第 301 条（h）款的具体规章条例（详见联邦法规第 40 卷 125 章 G 子部分）。

所有根据 301 条（h）款修订的许可证必须包含以下具体条件：

- 排放限值和污染负荷必须确保遵守联邦法规第 40 卷 125 章 G 子部分；
- 严格遵守对预处理项目、非工业有毒物质的控制规划、合流制溢流污水控制的日程安排；
- 监测项目要求包括生物监测、水质监测和排放监测；
- 报告要包括监测项目的结果。

另外，不允许污染点源出现新的或者大量增加的污染物排放，因为新的排放会使污染物超过许可证中所规定的排放量。

EPA 已经制定了若干关于第 301 条（h）款调整的指导手册，包括修订的第 301 条（h）款技术支持文件。

### 10.1.4 有本质差异因素

《清洁水法》第 301 条（h）款规定，可对 BAT 和 BCT 中污染物有本质差异的因素（Fundamentally Different Factors，FDF）进行调整，而联邦法规第 40 卷 125 章 D 节规定了管理机构的 BPT 的调整。如果发现个别企业的情况与排放准则中所考虑的因素有本质不同，则可根据其他的 ELG（有毒、常规或非常规污染物的排放限值）进行有本质差异的因素（FDF）调整。新建污染源排放标准（New Source Performance Standards，NSPS）中不允许进行 FDF 调整。根据联邦法规第 40 卷 124 章 10 节，对 BPT 的 FDF 调整必须在公众评议结束之前提交。对 BAT 或 BCT 的 FDF 调整，排放者必须在准则颁布后的 180 天内提出调整请求。在申请 FDF 调整时，合适的替代限值不能比由 FDF 确定的限值低，而且调整后的标准不能引起水质标准的改变。

判断 BPT 的 FDF 调整是否合理所需考虑的因素：排放者的设施、设备、工艺和达标成本。这与制定指导方针时所要考虑的因素不同。BAT 和 BCT 的调整申请所要考虑的因素与 BPT 的相似，但可以不考虑成本。对于 FDF 调整的请求不需要考虑以下因素：在给定时间内安装必要处理设施的可行性；声明排放限值在给定的技术下不能实现（除非提供数据支持）；排放者的支付能力以及对当地受纳水体的影响。FDF 调整需根据具体情况进行审查或提出意见，并由申请者负责提供相关资料。

### 10.1.5 热排放因素

《清洁水法》第 316 条（a）款规定了针对废水中的热排放限值的调整事项。联邦法规第 40 卷 125 章 H 节阐述了提交和审查热排放调整事项的规定。考虑到热排放的累积性作用及其他所有对物种有重大影响的因素，若排放者能证明相对宽松的热排放限值能够严于保证水生生物正常群落结构的标准，则许可证中可以包含该热排放限值。

### 10.1.6 配额因素

有时候因为进水的污染物不同，企业会面临基于技术层面上的制约而难以达到 BAT/BCT 要求。因此，NPDES 法规给出了进水污染物的排放限值。联邦法规第 40 卷 122 章 45 节（g）款中针对配额建立了如下要求：

- ❖ 对常规污染物，如 $BOD_5$ 或 TSS，只有在进水和出水中 $BOD_5$ 和 TSS 相似时，配额才能使用；
- ❖ 必须要满足适当的限值和标准才可使用配额，且配额的最大值等同于进水的浓度；
- ❖ 进水和出水必须是同一水体；
- ❖ 配额不适用于处理污水产生的污泥排放。

以下两种情况时，许可证编写者有权限制进水中的污染物量：①排放指南是根据配额制定的；②污染控制设备正常运行的情况下，只有进水中不含某种污染物时才能满足相关标准时。

## 10.2　基于水质的许可证内容调整

基于水质的排放限值存在多种调整类型，特别是以下几种类型：

- ❖ 具体点位的水质基准变更；
- ❖ 指定用途的类别调整；
- ❖ 水质标准的调整。

### 10.2.1　具体点位的水质基准变更

《清洁水法》第 304 条（a）款介绍了国家制定水质基准的程序。但各州可以根据具体情况调整水质基准。由于不同地区的背景水质指标（如 pH、硬度、温度和色度）或水生生物类型不同，故具体点位的水质可能与确定水质基准时的实验室水质有很大不同。因此需要设立具体点位的水质基准，调整相关水质基准以保证其特定用途。

### 10.2.2　指定用途的类别调整

一旦为特定的水体或水体断面指定了某一用途，除非在特殊情况下，该水体或水体断面便不能被重新分类而作他用。当需要更改指定用途时，可以按照《清洁水法》第 101 款（a）（2）款中所述，必须依照联邦法规第 40 卷 131 章 10 节（j）款中对某一用途进行可行性分析。此外，《水质标准手册（第二版）》也更为详细地探讨了对指定用途的可行性分析。重新划分水体等级会造成对该水体水质标准的永久性改变。

### 10.2.3　水质标准的调整

水质标准的调整与废除某个指定用途的水质类别在实质上和程序上有相似之处，但不同于后者的是，标准的调整涉及排放者和特定的污染物，且有时间限制，同时不能更改水体现有的用途。在联邦政府认为标准最终能够实现的地区可以进行适当的调整，但更希望通过维持而不是改变标准来确保在改善水质及达到标准方面取得进展。EPA 批准州范围内的调整，各州根据联邦法规中列出的条件证明其不能达标以调整水质标准。这样的调整仅适用于特定的时间，并且需要每 3 年对其是否符合标准进行再论证。

水质标准的修改或调整对于许可证限值有几种影响。特别值得注意的是，这些调整改变了基于水质的排放限值的基础，可能影响到以后的决定，可能或多或少地导致出现更为严格的限值。许可证编写者的责任就是确保该调整是合理的，并在 NPDES 许可证中反映出来。

## 10.3　附加的注意事项和要求

该节介绍了在许可证编制过程中必须考虑的附加的纲要性要求。这些要求包括反倒退原则及其他联邦法律规定的注意事项。

### 10.3.1　反倒退原则

一般情况下，“反倒退”是指一个特定的法律条款，用于禁止在现有 NPDES 许可证的更新、续发或修改后的要求比早先许可证版本的要求放宽，包括所规定的排放限值、许可证条件等。然而，这些禁止也有例外——需确定例外的适用范围和情形，用法律和管理的语言说明“反倒退”问题。

《清洁水法》第 402 条（o）款建立了明确的禁止排水限值倒退的法律条文。该款由三个主要部分组成：

第一部分，第 402 条（o）（1）款规定在以下两种情况下禁止放宽排放限值（服从第 303 条（d）（4）和/或第 402 条（o）（2）的免责条款）：

1. 当持证者试图根据特有的专业评价来修订基于技术的排放限值，导致颁布的排放准则更为宽松；

2. 当持证者试图根据国家处理标准或水质标准来放宽排放限值时。

第二部分，第 402 条（o）（2）款列出了针对放宽排放限值禁令的一些例外情况。被列入 NPDES 规章的联邦法规第 40 卷 122 章 44 节（l）款，《清洁水法》第 402 条（o）（2）款规定的建立较宽松的排放限值可以在以下情况下得到批准：

1. 对于允许放宽限值的企业，需要有实质性的改造或弥补措施；

2. 在原排放限值的许可证颁布时还没有出现新的信息（除修正后的规章、导则或测试方法外）；

3. 在《清洁水法》第 402 条（a）（1）（b）款中，许可证在颁发时存在技术错误或对法律的误解；

4. 存在正当理由，如超出持证者的控制范围（不可控的自然因素），或者没有合理可行的补救方法；

5. 根据联邦法规第 40 卷 122 章 62 节修订的许可证或已给予调整的许可证；

6. 持证者已经安装并合理地运行和维护处理设施，但仍不能达到许可证限值（放宽的限值最低只能允许降低到处理设备实际所能达到的水平）。

虽然章程确定了以上 6 种可以放宽排放限值的例外情况，但是，其中 3、5（如上所述）的表述并不适用于放宽基于水质的排放限值，而仅适用于调整利用最佳专业判定（BPJ）导出的基于技术的排放限值。

第三部分，《清洁水法》第 402 条（o）（3）款指出，如果修订后的排放限值会违反相关的排放限值指南或水质标准，包括反倒退要求，那么在任何情况下，都将禁止放宽排放限值。因此，即使符合章程或规定中列出的例外情况，仍须以第 402 条（o）（3）款作为基础，限制排放限值所能放宽的程度。这项要求保证了排污许可证按照《清洁水法》所要求的许可限值、标准和条件来确定适用的基于技术的排放限值和水质标准。

EPA 用于处理“反倒退”的现行规章反映了《清洁水法》第 402 条（o）款对第一种情况（第一部分 1）的禁止；基于 BPJ 许可证限值的修订反映在随后颁布的排放准则中[40 CFR 122.44（l）（2）]。然而，修订后的规章没有反映出禁止第二种情况（第一部分 2）的倒退行为；排放限值的放宽是建立在《清洁水法》第 301 条（b）（1）（C）款或第 303 条（d）或（3）款的基础上的。EPA 坚信，必须同时以《清洁水法》的解释为依据来执行水质条款。就此而言，对于反倒退争议的重点应在于明确法规意图，因为这关系到基于水质的排放限值。除此之外，专栏 10-1 对基于水质的排放限值（Water Quality-Based Effluent Limit，WQBEL）放宽的倒退条款进行了阐析。

**专栏 10-1 与基于水质的排放限值有关的反倒退条例**

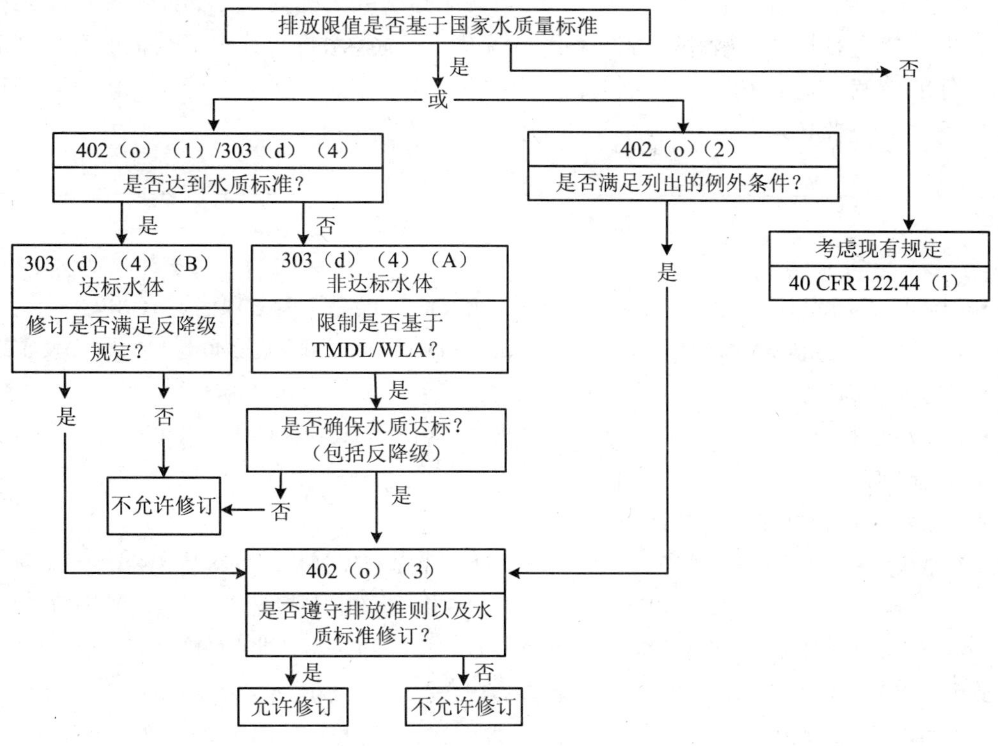


如果能够满足《清洁水法》402 条（o）（2）款或第 303 条（d）（4）款的规定，EPA 认可放宽基于水质的排放限值（WQBEL）。这两个条款是禁止放宽许可证限值的两个独立的例外情况，只要其中之一得到满足，则允许放宽限值。

《清洁水法》第 303 条（d）（4）款含两部分：可应用于“非达标水体”的（A）部分，可应用于“达标水体”的（B）部分。

- ❖ 非达标水体——当受纳水体不能达到相应的水质标准（即“非达标水体”），且持证者满足以下两个条件时，《清洁水法》第 303 条（d）（4）（A）款规定允许建立放宽基于水质的排放限值。第一，现有的基于水质的排放限值（WQBEL）必须基于最大日负荷总量（TMDL）或者《清洁水法》第 303 条规定的其他污染负荷分配。第二，基于水质的排放限值（WQBEL）的放宽只有在确保水质达标时才允许。
- ❖ 达标水体——《清洁水法》第 303 条（d）（4）（B）款适用于水质达到或优于标准的水体（即“达标水体”），用以保护指定用途或在其他方面满足使用的水质标准。根据第 303 条（d）（4）（B）款，基于水质的排放限值（WQBEL）只有在与国家的反倒退政策一致时才可能被放宽。

如先前所提及的，第 402 条（o）（2）款概述了禁止 WQBEL 反倒退的例外情况。这些例外情况独立于上面讨论的第 303 条（4）款的例外情况，并同样适用于其后颁布的对 BPJ 限值的放宽。

最后，所有其他倒退的类型均不受 1987 年《水质法》（Water Quality Act，WQA）修订案的影响，而且都将继续遵守 EPA 现行联邦法规第 40 卷 122 章 44 节（l）（1）款。其他倒退的类型包括：排放指南相关限值的倒退、新污染源实施标准的倒退、新 BPJ 限制比现有 BPJ 限制的倒退、关于水质标准或条件（除排放限值）的倒退等。这是因为，第 402 条（o）款只禁止排放限值的放宽，而不禁止其他标准或情况的倒退如监测频次或物种的改变，也不禁止对整个污水综合毒性条款的倒退。然而，对许可证中的其他所有类型的标准和条件的放宽，均受 EPA 现行联邦法规第 40 卷 122 章 44 节（l）（1）款的管理。在这些规定下，持证者必须满足修订的要求，才能允许放宽标准。

**示例一**

**情景：**

- 一个市政污水处理厂（POTW）欲放宽其污染物 X 的基于水质的排放限值（WQBEL）。
- 目前的许可证限值是根据市政污水处理厂的 TMDL 和 WLA，由联邦法规第 40 卷 130 章 7 节发展而来。
- 该污水处理厂符合现有排放标准，并且已经达到了污染物 X 适用的水质标准。
- 该污水处理厂利用最新流量信息建立了新的模型，这表明污染物 X 的水质标准将保持一个较为宽松的许可限值。
- 污染物 X 的排放限值可以被放宽吗？

**答案：**可能会。根据对上面解读的探讨，基于水质的排放限值（WQBEL）在满足《清洁水法》第 402 条（o）（1）款或联邦法规第 40 卷 122 章 44 节（l）（2）款中所列例外情况之一时，就可以被放宽。在这种情况下，尽管需要新的信息来请求修订，但是除非国家在其他点源或非点源降低了这种污染物的负荷，否则第 402 条（o）（2）款不能判定这个请求合理与否。这是因为，第 402 条（o）（2）款限制了新信息的使用，其目的是为了降低污染物排放数量。另一方面，第 402 条（o）（2）款例外情况可以判定请求的合理与否。这种情况下，第 402 条（o）（2）款例外情况与第 303 条（d）（4）（B）款有重大关联。在那些水质达标的受纳水体中，对基于 TMDL/WLA 或其他许可标准的许可限值，只有在满足国家的反倒退政策时，才能被放宽。

**示例二**

**情景：**

- 国家已根据《清洁水法》第 301 条（b）（1）（C）款指定了一个适用于粪大肠杆菌群的基于技术的处理标准。随后，国家又放宽了这项标准。
- 一个已经违反了这项限值的市政污水处理厂，请求修订对其粪大肠菌群的许可证限值，以适应新的标准。
- 目前还没有制定针对粪大肠菌群的水质标准。
- 模型显示如果市政污水处理厂执行了修订后的较为宽松的粪大肠菌群的许可证限值，它仍能够达到水质指标。
- 由于这个标准是全国性的基于技术的标准，所以没有实施相应的 TMDL 或 WLA 标准。这个许可限值可以被放宽吗？

**答案：**不能。根据第 402 条（o）（1）款，该情景所适用的规定为第 303 条（d）（4）（A）款。在这种情况下，该部分并未授权进行倒退。因为它仅适用于基于 TMDL/WLA 的许可证限值。这里讨论的限值是基于各州执行的处理标准的。此外，如果许可证适用第 402 条（o）（2）款例外情况，那么将不允许根据新信息进行修订。新信息中不包括“修订后的条例”。

**示例三**

**情景：**

- 该州有一条水质标准为“毒性取决于剂量”。
- 根据污水综合毒性测试数据以及其他信息，发现该州的定性水质排放标准存在潜在的超标可能，故依据联邦法规第 40 卷 122 章 44 节（d）（1）（v）款实行污水综合毒性限值。
- 持证者确定污染物 Z 是导致污水综合毒性的原因。
- 持证者可以通过充足的数据（包括污水综合毒性测试数据）证明，对污染物 Z 的排放进行限制可以确保其遵守联邦法规第 40 卷 122 章 44 节（d）（1）（v）款中所要求的污染物 Z 的国家数据标准，同时还能确保遵守定性水质标准。
- 政府可以修订许可证，用以删除污水综合毒性限值并增加污染物 Z 的限值吗？

**答案：**可以根据《清洁水法》第 303 条（d）（4）款判断这种做法的正确与否。因为定性水质标准目前是可以获得的，所以这里适用条款为第 303 条（d）（4）（B）款（持证者目前遵守现有的污水综合毒性限值，达到并保持国家的水质标准）。根据第 303 条（d）（4）（B）款，持证者只要达到了反倒退要求，就可以放宽限值。同时，放宽后的限值不能违反任何适用的相关标准。在这种情况下，很有可能允许放宽限值，因为排污者可以证明污染物 Z 的新限值能够保证在遵守数值的水质标准的同时遵守适用的定性条款。

**示例四**

**情景：**

- 一个工业持证者试图将其基于水质的排放限值（WQBEL）中 TSS 的标准从 1 000 mg/L 变为 6 000 mg/L，即他的实际排放水平。
- 目前适用于持证者的许可证限值，是基于依照联邦法规第 40 卷 130 章 7 节制定出的 TMDL 和 WLA。
- 目前没有达到 TSS 的水质指标。
- 6 000 mg/L 的许可证限制符合适用的排放指南。
- 新建模型的信息表明，TSS 为 4 000 mg/L 的许可证限值时，才会达标。
- 许可证限值可以从 1 000 mg/L 转变为 6 000 mg/L 吗？

**答案：**不可以。然而根据《清洁水法》第 402 条（o）（1）款或（2）款例外情况，许可证限值可以调整为 4 000 mg/L。

在目前情况下，TSS 的水质标准尚未达标。因此，根据第 402 条（o）（1）款，适用的例外情况是第 303 条（d）（4）（A）款。在这种情况下，许可证管辖部门可以允许标准降低为 4 000 mg/L。因为现行的排放限值是基于 TMDL 和 WLA 颁布的，而且数据显示当许可限值降为 4 000 mg/L 时（而不是 6 000 mg/L），就可以确保水质达标。

除此之外，根据第 402 条（o）（2）款，在那些污染物负荷降低的地方，根据第 402 条（o）（3）款判断，能够达到水质标准时，即可以根据新的情况放宽许可证限值。而且，由于新的提议许可证限值水平 4 000 mg/L 与真实排放水平 6 000 mg/L 相比，已经有所降低，只要能够达到水质标准，实际的污染负荷将能够降低。

### 10.3.2 其他联邦法律规定的注意事项

本节将探讨一些影响 NPDES 许可证的联邦法律。值得注意的是，根据某些法律（如下文讨论的 NHPA、ESA、FWCA 和 NEPA），部分要求仅适用于联邦或联邦政府支持的行为（例如，EPA 颁发许可证）。根据某些特定的法规，州政府的行为是不受监管的。然而，许多州可能已经仿照美国联邦法律颁布了各自的州法律。因此，在准备 NPDES 许可证前，编写者最好仔细翻阅各州的法律。

#### 10.3.2.1 《国家历史古迹保护法》修正案 1992 年

《国家历史古迹保护法》（National Historic Preservation Act，NHPA）提出了各种联邦项目来保护国家历史和文化。此法案第 106 条规定，任何联邦机构在与历史保护委员会就历史建筑保护问题进行协商时，需要考虑联邦或联邦政府协助经营的建筑、考古、历史或文化资源或符合条件的国家历史名胜。这意味着 EPA 直接管理的项目和由 EPA 资助州政府进行的项目都要与历史保护委员会进行协商（详见 1994 年 3 月 15 日 EPA 备忘录）。然而，对由 EPA 授权但并不资助的州政府项目，可自行决定是否进行咨询。

本指南没有介绍 NHPA 对许可证编写者的要求。一般来说，许可证编写者必须确定，依照 NPDES 许可证授权的排放将不会对国家历史古迹登记中心所列点位或符合古迹资格的点位产生不利影响。许可证编写者可要求持证者出示充足的调查，用以证明在登记中心注册的该区域设立了国家历史古迹登记中心所包括的点位。调查应该包括从国家登记中心、当地政府、印第安部落、公众和私人团体以及国家历史古迹保护办公室（36 CFR 880）所收集的信息，并且应当以文件的形式对潜在影响进行评估。评估的书面文件应该提交给国家历史古迹保护办公室，并存放到许可证文档和情况说明书中。

#### 10.3.2.2 《濒危物种法》

1973 年制定《濒危物种法》（Endangered Species Act，ESA）是为了对在保护和修护方面向受到威胁的和濒临灭绝的物种及其赖以生存的生态系统提供保护和支持。ESA 第 7 条要求联邦机构能够确保，任何由联邦机构批准的、出资支持的或执行的行为都不会危害到所列物种（或候选物种）的可持续生存，都不会造成其生存环境的破坏和不利的改变。既然 EPA 颁发 NPDES 许可证是一种联邦行为，那么审查被允许的排放行为及其对受到威胁的濒临灭绝物种的影响也是适宜的。ESA 第 9 条禁止“捕捉任何所列的受到威胁的和/或濒临灭绝的物种”。

ESA 条例要求，当联邦活动对濒临灭绝的和/或受到威胁的物种或者它们的生存环境造成影响时，可酌情与国家海洋渔业局（NMFS）和/或美国鱼类和野生动物管理局（FWS）商议。这种影响既可以是有利的，也可以是有害的，而咨询可以是正式的或是非正式的。是否采用正式的咨询取决于这种行为有没有可能对物种产生不利影响。若授权的行为很可能对物种的可持续生存环境造成不利影响，且调查结果显示有出现负面影响的可能性，则需要进行正式咨询。EPA 的职责就是确保进行必要咨询。非联邦代表即持证者可以进行非正式咨询。

迄今为止，EPA 并没有与国家海洋渔业局或美国鱼类和野生动物管理局就 NPDES 许可证要求的咨询范围达成国家范围的协议。在此之前，EPA 许可证编写者应该审查 ESA 咨询条例（50 CFR 402）并且与《濒危物种法》区域协调员（假设已经在某个区域设立了一个点位）以及最近点位的国家海洋渔业局或美国鱼类和野生动物管理局人员合作。在评估排放对濒临灭绝的或受到威胁的物种的影响时，研究应确定在区域内的该类物种及其栖息地，这些信息可以从当地国家海洋渔业局或美国鱼类和野生动物管理局的生物学家那里获得。将提议的许可证限值与所列物种现有的毒理学数据或影响数据进行比较，累积的、复合的以及独立的影响都应该考虑到。其他特殊物种信息可从当地相关方面的生物学家或机构获得，例如，EPA、FWY/NMFS 和一些高校。

EPA 的职责就是依照州法律颁发许可证，但是因为其并非联邦行为，并不受 ESA 咨询的管制。然而，州 NPDES 项目中若能够确定某区域的排放行为将会影响到该区域内濒临灭绝或受到威胁的物种时，应考虑该项目对该类物种及其生存环境的影响，并在此之前有所作为。

对该项目的生物学评价（非正式）或生物学评估（正式）都应该提交给国家海洋渔业局或美国鱼类和野生动物管理局，以用于审查和核准。该文件及由国家海洋渔业局或美国鱼类和野生动物管理局所作的任何决定都将会成为许可证文件的一部分。

#### 10.3.2.3 《自然和风景河流法》

1968 年联邦政府颁布《自然和风景河流法》（Wild and Scenic Rivers Act，WSRA）以保护因修建水坝和过度商业开发而受到损害的河流。该法公开宣布“完善对水坝或其他建筑物的政策，以保护联邦河流或其断面的水体能自由流通”[（i）（b）款]。法案明确规定了受保护河流的 3 个等级：自然河流、风景区河流、娱乐区域河流，并用大量的细节清楚说明了建立 3 个等级河流的管理条件。受保护河流的两旁也应该受到保护，保护通道是对河两岸平均不超过 80 $hm^2/km$ 的面积进行扩展保护。政府保障在保护通道范围内的土地所有者的权利，但是这些土地的开发将受到发展类型的限制。在对河流进行科学研究期间，其保护期限可以高达三年。

#### 10.3.2.4 《海岸带管理法》

1972 年《海岸带管理法》（Coastal Zone Management Act，CZMA）及其修正案要求并鼓励美国沿海各州对与其毗邻的陆地和水域实行土地利用计划。根据法案，“沿海各州”包含了那些与大西洋、太平洋、北冰洋、墨西哥湾，或至少五大湖中的一个相毗连的州。要求这些州采用沿海管理计划：标记海岸边界、辨别相关区域和确立执法机制，并为土地利用类型建立详细目录。在计划中也必须注明海滩进入权限、紧急情况相应措施以及侵蚀防治的控制措施。EPA 和其他联邦机构必须参照州海岸带管理法，计划调整其与沿海土地相关的活动。

#### 10.3.2.5 《鱼类和野生动物协调法》

1934 年《鱼类和野生动物协调法》（Fish and Wildlife Coordination Act，FWCA）要求减轻因联邦水资源项目建设而造成的野生动植物栖息地减少的情况。它要求联邦水坝、水库以及水利工程的设计者们在决定一个项目的效益/成本比时，要将其对鱼类和野生动物的影响包含在内。它要求 EPA 和其他联邦机构与州及联邦野生动物和渔业机构进行协商，以便于将这些活动对鱼类和野生动物的损害降到最低。法案特别要求美国内政部持续研究由海运所产生的污水及工业废弃物对鱼类和野生动物造成的影响。

#### 10.3.2.6 《国家环境政策法》

1967 年《国家环境政策法》（National Environment Policy Act，NEPA）建立了一个政策方针性联邦框架，该框架将会对环境产生重大影响。通常，“联邦”行为包括由联邦政府执行的项目、有资格获得联邦资助的非联邦行为和需要联邦许可证或批准的非联邦行为。因此，对于在未被授权州的新建污染源，NEPA 要求适用于由 EPA 发布的 NPDES 许可证。法案中最重要的条款是第 102 条（2）（c）款，要求联邦机构如 EPA 对所有的“对人类环境质量产生重大影响的立法提案和其他重要联邦行为”建立环境影响报告（EIS）档案，对构成这些行为的定义仍然在讨论中。法案建立了在环境问题方面各级联邦政府间以及与其他相关国家间的协作框架，同时建立了环境质量委员会。

# 第 11 章　行政管理程序

本手册之前的讨论集中在制定国家污染物排放削减体系（National Pollutant Discharge Elimination System，NPDES）许可证的条件和排放限值的程序上。本章介绍与 NPDES 许可证发放相关的行政管理程序。专栏 11-1 提供了 NPDES 许可证的行政管理程序流程图。总的来说，行政管理程序包括：

- ❖ 记录所有许可证决策；
- ❖ 协调美国环保局（Environment Protection Agency，EPA）和各州对许可证草案进行审查；
- ❖ 发布公共通知，若可行，组织听证会，并就相关意见进行解答；
- ❖ 许可证发放后，编写者在必要时对其进行辩护和修改。

请注意，专栏 11-1 为 EPA 和州 NPDES 许可证管理制定了总体框架。各州如果有更严格的程序，则不必与联邦法规的要求完全一致。因此，一些经过授权的州在制定和发放 NPDES 许可证的程序上可略有不同。除此之外，举证听证会和申诉程序应按照 EPA 提出的程序进行。州一级的 NPDES 许可证的听证会和申诉程序可能会根据各州法律规定有所不同。

## 11.1　许可证草案的文件材料汇编

许可证颁发后，情况说明书和行政管理记录成为在许可证行政管理申诉、进行举证听证会方面为许可证辩护的主要辅助工具。许可证记录程序要求编写者在整个编写过程中语言组织得当、逻辑性强。情况说明书的部分内容和行政管理记录由联邦和州管理机构管理，其余的则交给信誉良好的项目管理机构负责。许可证编写者应该意识到以下内容的重要性：

- ❖ 确保许可证的全部编制过程具有较强的逻辑性；
- ❖ 行政管理记录、情况说明书以及基本文件的配置都应符合法律要求；
- ❖ 如有对许可证的地位、条件以及限制提出质疑，则需要能够帮助证实许可证的各项决策的文件，且能够提供合理的理论支撑；
- ❖ 为许可证理论依据建立永久性记录，以便用于今后的许可诉讼中。

以下介绍与许可证文件资料的制定相关的要求，其中重点介绍行政管理记录和情况说明书。

专栏 11-1　NPDES 许可证行政管理程序

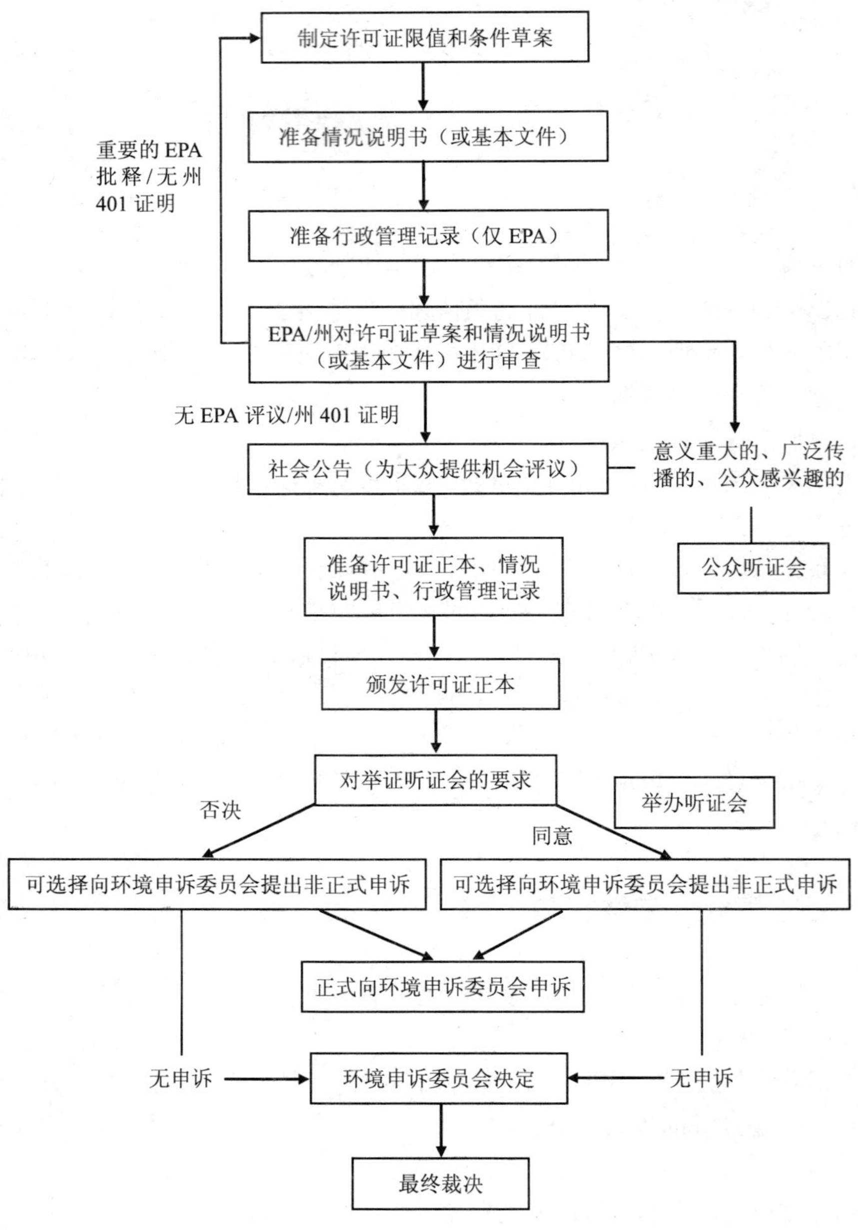


### 11.1.1　行政管理记录

行政管理记录是颁发许可证的基础。如果颁发者是 EPA，则行政管理记录的内容将由管理机构进行规定（详见 40CFR124.9 和 40CFR124.18）。不论是国家、地区、部落还是 EPA 颁发，所有辅助资料必须向公众开放。这里不需过分强调保持许可证记录整齐、有序、完整以及可修复状态的重要性。许可证颁发机构可为已经颁发的许可证重新编写法规。同样地，这些内容也必须在任何时候都向公众开放，且可以在公众评议期和随后的公众听证会中被调查。

用于许可证草案的行政管理记录中至少要包含专栏 11-2 中明确注明的文件。对于可以在许可证颁发办公室轻易获得的材料或普通的出版材料，只要在情况说明书或基本文件中明确提及，行政管理记录就不需将其包含其中。如果 EPA 颁发新的许可证草案，则依照联邦法规第 40 卷 122 章 29 节(c)款，行政管理记录应该包括任一环境影响报告(Environmental Impact Statement，EIS）或实行的环境评价。

专栏 11-2　NPDES 许可证草案中行政管理记录的组成元素

- 申请和相关数据；
- 许可证草案；
- 基础文件和情况说明书；
- 在基础文件和情况说明书中引用的所有条款，包括用于制定许可证限值的各种计算过程辅助文档中的所有条目；
- 所有关于基础资料、环境评价、环境影响报告（EIS）草案/正本，或其他类似的背景信息更新，例如，非重大影响事故的调查结果（仅适用于 EPA 颁发的许可证）。

行政管理记录应包括所有会议记录、现场调研笔记、电话备忘录以及与申请者和其他管理机构职员的信件往来。所有的信件、便签和计算方法都应该注明编写者的编写日期、姓名以及所涉及人员。既然信件被归类到公众审查范围，信件中应该避免出现那些不符合客观目标的参考资料和意见。最后，应重新组织计算方法的说明和各项决策的文件资料，以方便查找。许可证正本的行政管理记录由专栏 11-3 中词条组成。

专栏 11-3　用于许可证正本的行政管理记录的组成元素

- 用于许可证草案中行政管理记录的全部组成元素（详见专栏 11-2）；
- 在评议期间，所有收到的意见；
- 全部公众听证会的磁带或文字记录；
- 听证会上提交的全部材料；
- 对意见的所有回复；
- 用于 NPDES 许可证的新的基本资料、EIS 的草案正本；
- 许可证正本最终版。

### 11.1.2　情况说明书和基础情况陈述

情况说明书是一份能够简略阐明实质情况的文件。情况说明书包含许可证草案准备期间所需考虑的重要事实和有关法律、方法以及政策方面的问题。当许可证处于草案阶段，情况说明书和辅助文件能够为持证者和普通大众解释用于许可证限值的各种基本原理和设想。

联邦法规第 40 卷 124 章 8 节（a）款中提出了 NPDES 管理条例要求，由 EPA 和州颁发的许可证出现下列情况时，均必须附带一份情况说明书：

❖ 涉及重要的设施或活动；

❖ 依联邦法规第 40 卷 124 章 56 节（b）款，需要调整或解释许可证条件（如有毒污染物、内部废水流、指标污染物和私人拥有的废物处理设施）；

❖ 属于 NPDES 一般许可证；

❖ 受大多数公众利益限制（详见 40CFR124.8）；

❖ 属于一类污泥管理设施；

❖ 包含污泥土地利用计划。

EPA 许可证编写者要为没有提供情况说明书细节的许可证准备一份基本文件。文件要能够简洁地描述排放限值的由来以及特殊条款的缘由（详见 40CFR124.7）。然而，谨慎的许可证编写者会为所有需要复杂计算或特殊条件的许可证制定一份情况说明书，这对于以最佳专业判定（Best Professional Judgment，BPJ）为基础的许可证条件来说尤为重要。

在所有决策的理论依据都充分证实并明文记录的情况下，续发许可证的工作量将会大为减少。同时，在许可证期满到下一个许可证生效之间，这些记录可避免持证者对许可条件的推测和猜想。若在许可证有效期内便开始续证的修改工作，记录也同样真实有效。许可证的技术原理阐述可以缩短到 2～3 页用于相对简单的许可证，也可以扩展到 20～100 页用于极其复杂的许可证（如若干排放点、许多 BPJ 决断）。正如联邦法规第 40 卷 124 章 8 节和 56 节所述，情况说明书中要求的内容包括专栏 11-4 中所列各项条款。

**专栏 11-4 情况说明书中要求的内容**

- 对受 NPDES 许可证管理的设施或活动的类型简略描述。
- 所排放的污染物类型和数量。
- 对许可证条件草案的简略概括，包括使用的法令或管理条例。
- 用以获取其他信息的人员联系方式。
- 满足联邦法规第 40 卷 124 章 56 节要求的条款：
  ① 解释排放限值的由来；
  ② 解释所有含有毒污染物、内部废水流或指标污染物的情形；
  ③ 概括或详细描述的排放地点；
  ④ EPA 颁发的许可证以及各州的要求。
- 对于即将颁发给个人所有，而非州或市政当局所有的许可证，依照个体许可证管理持证者，并对管理方式作出相应解释。
- 对于包含污泥土地利用计划的许可证，在许可证中对土地利用计划要求的各项内容如何处理进行简略描述。
- 在可行的情况下，给出误差不合理的原因。
- 对就许可证草案内容达成最终决策的程序描述，包括：
  ① 公众评议期的日期和地点；
  ② 组织听证会的程序；
  ③ 其他公众参与的程序。

情况说明书中应涵盖每一种污染物许可限值制定的详细情况。对编写部分许可证来说，大部分时间都耗费在与许可证机构探讨许可条件。当许可证续发时，记录决策程序的文件可以在 5 年内避免这种重复的讨论。

对于每种污染物，须同时获取下列信息：

❖ 计算与假设；

① 产量

② 流量

❖ 限值的类型（例如，污水排放条例、水质或基于 BPJ 的限值）；

❖ 判断使用的排放准则是否是基于最佳专业判定(Best Professional Judgment，BPJ)、基于常规污染物最佳控制技术的标准（Best Conventional Pollutant Control Technology，BCT）或基于最佳可行性技术的标准（Best Available Technology Economically Achievable，BAT）；

❖ 使用的水质标准或基准；

❖ 判断某种污染物是否为其他污染物的指示物质；

❖ 采用的纳污总量分配数据所引用的文献、指导文件及其他参考资料。

通常，将许可证草案中没有的条款记录下来是很重要的，诸如下列内容：

❖ 为什么使用 BPJ 或排放指南来替代基于水质的限值(如是否检查过限值以确定水质因素并未对制定许可限值产生影响）？

❖ 为什么不能将生物监测包含在内？

❖ 为什么已上报的存在于许可证申请中的污染物在许可证中没有进行明确的限制？

❖ 为什么一个之前被限制的污染物在现行许可证草案中不再受到明确限制？

最后，情况说明书中应该注明许可证颁发程序的管理流程，包括评议期的始末日期、申请听证会的程序以及在最终决定中的公众参与。

## 11.2 许可证正本发放前的程序

本节对必须受许可证颁发流程管理的公众参与活动进行进一步阐述。这些活动包括发布公告、收集和回复公众评议，以及举办必要的公众听证会。

### 11.2.1 公告

公告作为媒介工具，将所有相关团体和群众对 NPDES 许可证草案的意见公布于众。发布公告的基本目的是确保所有相关团体，有机会对许可证机构的重要举措提出意见。为使公告达到最佳效果，联邦法规第 40 卷 124 章 10 节中规定，许可证机构需确定准确的告知范围、要求评议的内容以及公告的发布方式。必须要发布公众通知的 NPDES 许可证相关行为在专栏 11-5 中列出。

专栏 11-5　必须发布公众通知的行为

- NPDES 许可证申请的暂时拒绝（对国家项目可酌情而定）；
- NPDES 许可证草案的编制，包括对许可证正本的提案；
- 公众听证会的进度安排；
- 依照联邦法规第 40 卷 124 章 74 节的进度安排提案，EPA 批准对所有颁发许可证的举证申诉；
- 许可证的正式申诉；
- 新建污染源确认（仅限 EPA）。

许可证编写者应该着力关注专栏 11-5 中的前 3 项规定。值得注意的是，当对许可证的修改、取消、续发或终止等方面的请求被拒绝时，不需要发布公众通知。

对与 NPDES 有关的各类活动发布公众通知，可采用下列方式：

❖ 对大多数许可证来说，可在受设施或活动影响的区域内的日报或周报上发布公众通知。此外，EPA 颁发的一般许可证则需要在联邦公报上发布公众通知。

❖ 可向各类相关团体直接发送邮件。该邮件的清单内容应包含以下各项：

（1）申请人；

（2）邮件名单中所列全部相关团体；

（3）对同一设施，任何基于《资源保护和回收法案》、地下水排放控制案、工程公司要求或反显著退化（Prevention Significant Deterioration，PSD）要求颁发许可证的机构；

（4）所有相关的政府当局（例如，美国鱼类和野生动物管理局、国家海洋渔业局、邻州的政府机构）；

（5）在市政污水处理厂许可证申请中定义的用户。

公告必须包含专栏 11-6 中所示的信息。

**专栏 11-6　公告的内容**

- 负责许可证事项的办公室的名称和地址；
- 持证者或申请者的姓名和地址，若有不同，也可使用许可证所辖设施的名称和地址；
- 对设施所开展的商业行为的简短描述；
- 用于获取其他信息的人员联系方式；
- 评议程序的简短描述；
- 对于 EPA 颁发的许可证，需包含行政管理记录的位置和有效性；
- 任何有必要的额外信息。

许可证草案编制期的公告发布（包括拒绝许可申请的通知），必须预留出至少 30 天时间用于公众评议。许可证草案通常在颁发许可证的管理机构执行完成内部审查后提交公众通知。州/区颁发的许可证，一般在 EPA 对许可证草案进行的审查和评议结束后发布公众通知。对 EPA 颁发的许可证中需要具备环境影响报告的特殊情况，在 EIS 草案发布后才会发布公众通知。

### 11.2.2 公众评议

为征求相关个人或团体的意见，管理机构需发布许可证草案的公告。通常情况下，相关个人或团体仅要求管理机构提供更多信息。然而，部分建议要求修改许可证草案，或指出许可证草案不合理的原因。在这样的情况下，那些提供意见的团体，必须提交全部的合理指标和真实材料，以支撑他们的观点。若许可证中阐述的方法在技术上是正确的，并在情况说明书中清晰阐明，则对于评论人来说，找出许可证的错误将会是一件很困难的事情。但评论人可建议各类可替代的方案，此外，相关团体也可要求举办听证会。

如有可能，应尽快对所有公众评议进行回复。在某些情况下，需进一步解释许可证中的相关条款和应用条件。这虽然可能会引发争论，但也是一种很好的公众行为——争论可使那些提供意见的团体知道他们的意见已收到且正在考虑中。

许可证机构在决定发布许可证正本（在由 EPA 颁发许可证的情况下），或已发布许可证正本（在由州颁发许可证的情况下）时，有义务回复所有有效意见（与 40CFR124.17 情况一致）。该意见应该包含以下组成元素：

- ❖ 许可证草案中任一条款的改变，以及发生改变的原因；
- ❖ 在公众评议或任一听证会期间，对有关许可证草案实行的所有有效意见的描述和回复。

如果在公众评议期间提交的信息中产生了与许可证草案相关的实质性新问题，可采取下列措施：

- ❖ 准备一份新的附带修改后情况说明书或基础文件的许可证草案；
- ❖ 发布一份附带必要修改说明的许可证正本；
- ❖ 进行新一轮公众评议，但仅限于对新的调查结果。

如前所述，采取任一上述行为，必须发布新的公众通知。

### 11.2.3 公众听证会

任一相关团体可采取书面形式申请举行公众听证会。听证会期间要对所讨论的议题进行深入剖析。然而，申请举行听证会不代表其必然会举行。当在 30 天公众评议期内表达了大量的相关意见，或当有必要对与许可证决策有关的问题进行说明时，就应该举行听证会。

因此，需要对是否举办听证会作出裁决，但许可证编写者通常无权作此决定。然而许可证编写者要确保所有支撑许可证草案的信息都有据可查，并为此负责。

公众听证会的公告必须在其举行前至少 30 天进行发布（听证会的公告发布可与许可证草案的公告联合发布）。相关机构应保证听证会的时间覆盖整个公众评议期[40CFR124.12（c）]。

听证会的公告应包含下列信息：

- ❖ 对听证会的性质和意图的简短描述，包括适用的条例和程序；
- ❖ 应提及与许可证有关的其他公告的日期；
- ❖ 听证会的日期、次数和举办地点。

会议主席负责安排听证会的行程，使工作有序进行。任何人都可以在听证会期间提交关于许可证草案的书面或口头意见。会议主席应对口头陈述设置合理的时间限制。在听证会中作出这样的说明可以延长公众评议周期。应该注意的是，听证会会议内容的副本或记录必须发放到相关人员的手中。

### 11.2.4 州/部落在审查许可证草案中的职责

各州/部落所颁发的许可证草案，若其涉及下列内容时，则必须将其提交给 EPA 进行审查：

- ❖ 向领海中进行排放；
- ❖ 排放物可能会影响除源头所在州以外其他州的水域；

- ❖ 一般许可证；
- ❖ 从市政污水处理厂排放出的污染物，其日平均排放量超过每日 3 780 $m^3$；
- ❖ 未受污染的冷却水的日平均排放量超过每日 18.9 万 $m^3$；
- ❖ 从任一主要排放站或任一 NPDES 主要工业种类中排放出的污染物；
- ❖ 从其他来源排放出的日平均排放量超过 1 890 $m^3$ 的污染物(但 EPA 可不审查非加工废水)；
- ❖ 从一级污泥管理设施中排放出的污染物。

由 EPA 颁发的许可证要求州/部落依照《清洁水法》第 401 条进行审查和认证。这样的认证方式能够确保许可证将同时符合可行的联邦清洁水法标准及州/部落的水质标准。同时，也能够确保州/部落的处理方案和政策能符合 EPA 颁发的 NPDES 许可证要求，并使各州颁发的许可证与 EPA 颁发的许可证保持一致。

依照《清洁水法》第 401 条（a）（i）款，EPA 必须被授权或发证机关弃权的情况下才可以颁发许可证。若 EPA 在编制一项许可证草案，则可通过允许州审查和确认申请的方式实现州一级的认证。联邦法规第 40 卷 124 章 53 节（州认证）和 124 章 54 节[州认证的特殊条款，以及对《清洁水法》第 301 条（h）款的调整申请]中的条款描述了许可证编写者为了获得州或部落的认证应该遵循的程序。根据联邦法规第 40 卷 124 章 53 节，当 EPA 准备的许可证草案尚未经州认证授权时，EPA 须向州发送一份许可证草案副本以及一份请求州认证的文件。若该州在 60 天内均未回复，则认为州已经放弃了其认证的权利。若州选择认证许可证草案，则只需根据本州法律中相对严格的条款对草案加以修改。若州要求进行变动，必须向 EPA 发送一封说明这种变动原因的信件，并注明能够支持改变的州条例。当许可证申请者请求依照《清洁水法》第 301 条（h）款进行调整时，州认证程序与刚刚描述的许可证申请和许可证草案程序相似（参考 40CFR 124.54）。

### 11.2.5 许可证正本发放时间节点

对由 EPA 颁发的许可证，许可证正本可以在公告期的末期以及州/部落的认证收到后进行发布。公告期包括：

- ❖ 发布旨在颁发或取消许可证的通知——为期 30 天；
- ❖ 宣传公众听证会——为期 30 天；
- ❖ 延长或重新开放评议期。

除非有意见要求对许可证草案进行修改以外，颁发后的 EPA 许可证正本可立即生效；如有修改，许可证在颁发 30 天后才能生效；若许可证中有特别说明的生效日期，则按说明进行。如前文所探讨的，在许可证正本颁发时或达成最终决定后，接收到的任何意见必须及时回复。

## 11.3 许可证正本发放后的行政管理

许可证正本一旦颁发，发证机构应将许可证限值和各种特殊情况整合入 NPDES 追踪系统，即许可证服务系统（Permit Compliance System，PCS）。这将确保能够追踪企业排放设施的工作情况，且一旦许可证限值、条款或条件出现违规情况，许可证管理机构可令企业立即整改。

许可证正本颁发后，相关团体有机会通过许可证申诉、主要/次要的许可证条款修订、许可证终止或许可证转让等方式对许可证进行改动。这些行政管理程序的说明如下。

### 11.3.1 许可证申诉

在许可证草案制定过程中及公告发布期间，许可证编写者不但应充分考虑持证者，而且还要考虑任何对许可证条款和条件感兴趣的第三方团体所关心的内容。然而，难免出现在持证者或第三方团体反对的情况下许可证依旧颁发。在这样的情况下，持证者或相关团体可以选择提出法律质疑或对 NPDES 许可证提出申诉。

对 NPDES 许可证的法律质疑可通过多种机制进行解决。若许可证是由 EPA 颁发的，则所涉及的行政管理程序被称作举证听证会。许多具备 NPDES 的州和行政辖区均采用相似的行政管理程序，旨在处理对许可证条件的质疑。这些程序在受行政法监管的听证会中执行。虽然听证会在不同的州或行政辖区有不同的惯用名称，为方便叙述，后文将这些听证会都称作举证听证会。许可证编写者将不时参与到许可证的诉讼中，并需要妥善处理下面所讨论的各类问题。

除了行政管理记录和通知的准备阶段，许可证编写者不必关心与举证听证会有关的程序问题。举证听证会提出的所有要求可通过 EPA 区域咨询事务所或合适的州法务人员进行协调。许可证编写者在听证会进程中的主要任务就是作为指定陪审员，其角色定位仅为见证者和技术顾问。

申诉人的代理律师在听证会期间提出质问时，许可证编写者可能会被要求进行作答。其作答将会作为证据被转录和呈堂。申诉人的代理律师可在听证会上对同一问题进行多次提问。

为了准备回答和证词，许可证编写者应该熟悉相关法律、规章以及会对许可证产生影响的政策。许可证编写者应该针对许可证条件，完全掌握其技术上的基本原理。例如，若排放限值是基于水质标准要求的，则许可证编写者应对任一应用流域计划或用于制定排放限值的水质模拟进行深入研究，并准备对计划或模拟中任一假设进行申辩。若 BPJ 限值是基于推荐的排放指南，则不仅必须仔细查阅指南，对可用数据（包括针对特殊指南制定的文件）也应进行仔细审查。对其他 BPJ 要求的技术辩护则更具难度。许可证编写者应肯定：① BPJ 限值的相关信息是有根据的，是毋庸置疑的；② 利用逻辑方式由数据推理得到的限值，应符合规定的程序；③ 由此所得的 BPJ 限值在技术上是合理的，且在经济合理性上符合 BCT 或 BAT 标准。

作为法律指导方面的技术顾问，许可证编写者最重要的职责是提供直接证词，以支持有争议的许可证内容。不要试图去支持技术上站不住脚的内容。许可证中如存在有争议的条款在技术上站不住脚或不以任何法律要求为基础，则应引起法律顾问的注意，进而建议 EPA 或州立机构撤销这些条款。

许可证编写者的第二个非常重要的咨询职责是协助法律顾问完成与申诉方证人相互询问阶段的问题设计。问题应限于包含证人直接证词的客观材料，且其目的应是得到一个肯定或否定的回应，而非一个模棱两可的回应。若证人试图进行冗长的解释说明，那么法律顾问应进行预先警告。

最后，许可证编写者应牢记，在请求举办举证听证会时，持证者已经公开声明其与管理机构的对立关系，因此许可证编写者必须在未与法律顾问咨询的情况下，克制就相关事项展开讨论。在证人和/或技术顾问的角色中，许可证编写者应该：

❖ 树立公信力；

❖ 绝不表示或承认其专业知识领域出现弱点；

❖ 绝不尝试对其专业知识领域以外的学科知识进行论证；

❖ 始终与专家顾问保持良好的沟通。

凡在举证听证会上被豁免的持证者，行政法法官通常会签署其豁免令。凡出现举证听证会的要求被拒绝的，持证者可提出申诉的公告和请愿书，以用于环境申诉委员会（Environmental Appeals Board，EAB）的审查。但举证听证会能否授权，取决于其声称的事实和相关法律问题。同样地，凡出现持证者在听证会上被拒绝豁免的，持证者可向 EAB 进行申诉，以推翻听证会决定。最后，在 EAB 反对持证者的情况下，持证者可向联邦法院提出诉求。

### 11.3.2 许可证修改、撤销

许可证正本到期前仍可进行修改或撤销，但修改不同于撤销和续发。在许可证修改过程中，当所有其他的许可证条件仍然有效时，仅对改动的条件重新加以考虑；相反地，许可证在到期前的撤销和续发，则需要对整个许可证重新考虑。许可证的修改可通过若干方式进行。例如，许可证管理机构的代表可对设施进行检查，指出其需要进行修改（如行业的错误分类），或是建议持证者对所提交的信息进行改动。当然，任何相关个人皆可请求进行许可证修改。

修改有两种分类方式：重要修改和次要修改。站在程序的观点上看，两者的主要区别是公告要求的不同。重要修改要求发布公告，而次要修改则不需要发布公告。

事实上，所有造成条件放宽的修改都必须作为重要修改来对待，需要按规定进行公告和公众评议。总的来说，若设施能够完全符合许可证条款，则在此期间，不需要对许可证进行修改。联邦法规第 40 卷 122 章 62 节中描述了许可证需要进行重要修改的情况，见专栏 11-7。

**专栏 11-7 需要进行重要修改的情况**

- 重新进行讨论——许可证中的条款需要依照某些情况重新进行讨论。
- 技术错误——纠正技术错误，或纠正对相关法律的误解。
- 未通知相关政府——获批的州政府未通知可能受其排放物影响的其他水域的州政府。
- 变更——运行中与现行许可证中既定的情况不同，引起变更。
- 新的信息——许可证颁发后公布了新的相关信息。
- 新的条例——许可证所依据的标准或条例因修改或司法裁决而发生变动。
- 因更新或替换设施所修改的达标期限——更新或替换设施导致额外延加工期，需修改原定的时间表；或当存在正当理由需对原定进度进行修改，如不可抗拒的原因、地震或洪水等。
- 预处理——需开始实施已获批项目，或是改变既定项目进展计划。

- 最佳专业判定无法达标——当采用 BPJ 决策，且经过正确运行和维护，持证者仍不能达到许可证限值时，可降低限值以反映真实排放情况。若 BPJ 运行和维护花费与条例中所建议的完全不成比例，则持证者可要求放宽至条例限值，但绝不能低于条例限值。
- 非限制污染物——当许可证中未经限制的污染物的排放水平超过了基于技术的处理要求所能实现的水平。
- 误差请求——申请修改的误差、净排放限值、预处理等指标应在规定时间内存档，直到许可证颁发后方可获批。
- 调整限值以反映净污染物处理——根据联邦法规第 40 卷 122 章 45 节（g）和（h），具备资格的持证者可申请排污限值的净额基准。
- 增加《清洁水法》第 307 条（a）有毒污染物或联邦法规第 40 卷 503 章污泥使用/处置要求。
- 通告等级——若排放物中的浓度超过了规定水平，须为许可证中没有限值但又必须报告的有毒污染物设立通告等级。

次要修改通常是一些非实质性的改动（如谨慎排查许可证条件中的印刷错误）。联邦法规第 40 卷 122 章 63 节中描述了次要修改的情况，见专栏 11-8。

**专栏 11-8 需要进行次要修改的情况**

- 必须纠正的印刷错误。
- 必要地增加监测和报告的频次。
- 所遵循时间表中需对个别日期进行临时性修改，新日期应在许可证规定日期后的 120 天内提交，且不能对最终如期达标造成阻碍。
- 所有权已经发生了改变，但没有必要改变。
- 新排放源的施工进度需要进行修订。
- 如果一个点源不会引起其他类型污染源的排放，则应当将其从许可证中删除。
- 获批的地方性预处理项目须被纳入许可证中。

### 11.3.3 许可证的终止

在许可证的有效期内，可能会出现某些情况导致许可证的终止，如作废、撤回。这样的情况包括以下几个方面[见 40CFR122.62（b）]：

- ❖ 持证者没有遵从许可证的全部条件；
- ❖ 持证者虚报漏报重要事件；
- ❖ 不论在紧急情况还是其他情况下，已获批的行为危害了人类健康或环境；
- ❖ 排放物的暂时性或永久性的减量或停止（如企业关闭）。

一旦许可证被终止，仅可通过重新发布的程序才能使之再生效，该过程需要提交新的许可证申请。上述情况也可依个别实际情况通过许可证修改程序进行处理。

### 11.3.4 许可证的转让

管理机构将会不定期地收到 NPDES 许可证覆盖范围内设施所有权变更的通知。所有权的转让需依照下列两条款之一进行：

- ❖ 通过修改或撤销进行转让——转让可在修改过程中进行，重要修改或次要修改皆可以进行。也可通过撤回和随后重新发布的许可证加以说明。
- ❖ 自动转让——若符合下列三个条件，则许可证可自动转让给新的持证者：
  ① 当前的持证者在转让日期前 30 天，通告管理者；
  ② 公告包括新老所有者就转让条款达成的书面协议；
  ③ 管理机构的负责人未明确指出所负责的许可证将要被修改或撤销。

# 第 12 章　许可证的实施与强制执行

## 12.1　概述

联邦和州环境机构的最重要的目标是实现持证者对环境法规、条例的高度遵从并保持。强制执行有力地促进了国家污染物排放削减体系（National Pollutant Discharge Elimination System，NPDES）持证者遵守规定，但如何书写 NPDES 许可证则直接影响了其可执行性。每一个许可证必须书写清晰、无歧义，以便能有效地确定持证者对许可证的遵守情况，且在出现违规的情况下实行强制执法。

许可证编写者不一定能直接参与到许可证履行情况的监察和执法中。许可证编写者的参与程度通常取决于管理机构的组织结构。比较大的、集中的组织机构一般会有专门人员负责 NPDES 许可证条款的执法工作。其他组织中，许可证编写者也负责一些执法工作，例如对排放监测报告（Discharge Monitoring Report，DMR）的追踪、实地调研以及提出实施建议。如果出现司法强制执法，许可证编写者需对有关许可证或其基本原则的详细情况进行证实。

无论管理机构内部的组织结构如何，NPDES 许可证编写者都应该认识到 NPDES 各类执法程序都具有重要意义。以下部分介绍达标监测的复核和检查，以及为评估达标情况提供资料的季度违规报告，最后简短地叙述了有利于促进许可证履行的执法行为。

## 12.2　达标监测

达标监测是一个泛指名称，它包括联邦或州管理机构所进行的旨在查明持证者对许可证执行情况的所有活动。所收集的监测数据为 NPDES 项目的一部分，用于评估达标情况和支撑执法行为。达标监测的步骤包括接收数据、审查数据、将数据输入许可证服务系统（Permit Compliance System，PCS）中以识别违规者，最后做出适当的回应。

达标监测的主要功能是对许可证的达标情况进行证实，包括排放限值和执行计划。达标监测由两部分组成：

- ❖ 监督审查——对所有书面报告和其他与持证者的执行情况有关的材料进行审查；
- ❖ 现场调查——现场相关的监管活动（包括取样工作），这些工作直接用于对执行情况的判定。

### 12.2.1　监督审查

执法人员可利用两个主要信息来源，以实现其审查职责：

- ❖ 许可证/监督文档——这些文档包含了执行计划报告、调研报告、排放监测报告、执行行为以及其他往来信函（如电话记录、警告信副本等）。执法人员可定期地审查该信息，用以决定执法行为的必要性和适用的执法行为等级。
- ❖ 许可证服务系统（PCS）——PCS 是汇编所有设施许可证条件、自主监测数据、调研报告以及采用的执法情况等相关信息的数据管理系统。PCS 是为 NPDES 项目服务的国家数据库，可提升许可证颁发和评估的协调性和统一性。为实现这一目标，所有相关数据均需有序地输入、储存在 PCS 中。

NPDES 许可证必须以书面形式呈现，便于 PCS 与监督数据同步。有时存在许可证限值和监测条件与 PCS 的登记不匹配的情况。这时州政府必须确保让许可证编写者能够采取适当的措施，帮助 PCS 编码工作者识别较难的许可证编码，并且通过辅导使他们能够相互解决任何编码问题。为了辅助 PCS 编码工作者准确地翻译和将许可证编入 PCS 中，同时辅助执行人员及时地审查持证者的自我监测数据和报告，许可证编写者可应用下一节（12.2.2 节）所探讨的现场调查。

### 12.2.2 现场调查

现场调查是指在现场进行的、可用于判定许可证履行情况的监察活动。这些活动包括评估检测（非取样）、取样检测、其他指定的检测、遥感。一些特定的调查，例如诊断调查和绩效审计调查，能够协助管理机构评估设施的问题，此外还能提供为执法给予支持的信息。而生物监测调查明确地将疑似排放废水的设施作为监管目标，或将鉴定为引发中毒事故、危害受纳水体生态平衡的设施作为监管目标。

以下几点为现场调查的目的：

- ❖ 为了建立一个管理机制而减少违规行为；
- ❖ 为了确保能够符合许可证要求或为了确定许可证条件是适合的；
- ❖ 为了审核持证者的执行情况和执行记录的完整性与准确性；
- ❖ 为了对持证者的自主监测和报告项目的充分性进行评价；
- ❖ 为了确定整改行为的进展或完成情况；
- ❖ 为了获得与设施排放有关的独立的数据；
- ❖ 为了对持证者的运营和维护进行评估；
- ❖ 为了考察许可证所要求的建设情况。

## 12.3 季度违规报告

规章要求，已获权管理 NPDES 项目的美国环保局（Environment Protection Agency，EPA）区域办公室和各州政府应按季度对不符合其许可证条件和条款的主要设施进行报告。例如，排放限值的违规行为（Report Non-Compliance，RNC）、时间表以及报告要求等内容。

联邦法规 40 卷 123 章 45 节中为列举设施的违规行为和季度违规报告（Quarterly Non-ComplianceReport，QNCRs）制定了要求。该条款为报告中涉及的违规行为作出了报告规定，即符合具体的、可量化的违规行为，以及不可量化的但严重的违规行为都应写到报告中。条款也对报告必须遵守的格式及其提交时间表进行了详细说明。

违规的主要设施必须在季度违规报告中上报。有 5 种常见的违规行为：

❖ 月平均排放限值的违规行为——包括：半年内有两个月的月平均排放值大于等于技术审查基准（Technical Review Criteria，TRC）乘以月平均排放限值的数值，以及半年内有四个月的月平均排放值超标。不同的污染物有不同的 TRC 值（40CFR123 附录 A 包含了组 1 和组 2 污染物的清单），组 1 污染物 TRC 为 1.4，组 2 污染物 TRC 为 1.2。
❖ 由正式执法所提出的临时性排放限值——任何级别的任何超标行为。
❖ 时间表——对达标期限中的重要日期逾期 90 天。
❖ 报告——迟于报告的截止日期 30 天。
❖ 独立项目——任何有害于水质和公众健康的违规行为（例如，非法建造排污分流、未经许可的排放行为、各种污染物的频繁排放）。

出现在季度违规报告中的违规行为（RNC）中的一小部分被视作严重违规行为（Significant Non-Compliance，SNC）。RNC 与 SNC 的差别在于后者仅用在管理问责制中，作为一种追踪达标行为及评估执法相对及时性的手段。SNC 没有统一规定的定义，可随着 NPDES 项目的改变而改变，以涵盖新的项目。通常来说，SNC 指相当程度的和/或持续时间较长的违规行为，能引起管理机构的重点审查。SNC 的类别包括：

❖ 违反执法要求的行为（即行政管理要求的排放限值、重要行为的时间节点以及关键的报告）；
❖ 违反许可证排放限值的行为；
❖ 违反许可证中涵盖的关键达标期限的行为；
❖ 违反许可证中关键报告要求的行为；
❖ 任何被 NPDES 项目管理者认为是非法排放或溢流的行为；
❖ 与影响水质和健康相关的违规行为。

目标地区和州 NPDES 的执法行为旨在对所有首次出现在季度违规报告中的严重违规行为进行整治。为防止同样的严重违规事件出现在随后的季度违规报告中，持证者应自觉遵守许可证要求，否则管理机构将采取强制执法，以保证法规的最终执行。若在两个季度后，设施仍被认为严重违规，且未采取正式的执行行为，则可将该设施列入“例外列表”中。尽管部分出现在例外列表中的严重违规行为是情有可原的，但通常，例外情况表明了管理机构未能采取及时且适当的执行方式。

**法规更新：**

1995 年 9 月，EPA 修改了对严重违规行为的定义，将主要设施的非月平均许可证限制的违规行为包含在内。由于大多数 NPDES 许可证中缺乏所需的月平均限值，导致像 SNC 等违规行为可逃避检查和正式的执法行为。新定义于 1996 年 10 月 1 日生效，希望能够将有限的执法资源更好地瞄准那些对环境和公众健康构成风险的设施。

## 12.4 强制执法

具体的执法主要集中在一小部分违规者。这部分违规者的违规行为多具有频繁重复性和复杂严重性。然而，强制执行行为可促进全国范围内的所有设施达标排放。通过选择合适的执行方式来回应违规者，EPA 尝试去完成以下这几项任务：

❖ 尽快对违规行为进行整改；
❖ 对同一或其他持证者违规行为的威慑；
❖ 通过使用统一的方法来回应违规行为，平等地对待管理客体（即相似的违规行为，其处理方式也要相似）；
❖ 对个别违规行为要严惩；
❖ 应有效利用执行资源，用最少量的工作时间和资金实现对人类健康和环境的保护。

一旦企业被确定为具有明显的许可证违规行为，那么 EPA 或 NPDES 州政府或部落组织将会对企业的过往记录进行审查。这样的审查包括评估违规等级、违规频次以及违规的持续时间。一旦被确定为严重许可证违规行为，管理机构也应做出适当的执法行动。

《清洁水法》第 309 章允许机构提出民事或刑事诉讼，以打击违反 NPDES 许可证条件的企业。EPA 区域机构和授权的各州已经对自我监测和检测数据的审查制定了详细的程序，也为获批的执法行为类型的确定制定了详细程序。EPA 提议对持续的违规行为制定逐级递增的回应机制。典型的执法行为包括：

❖ 对存在问题的简报；
❖ 电话呼叫；
❖ 违规行为的信件；
❖ 违规行为的通知；
❖ 行政指令；
❖ 罚款，每次至多 125 000 美元；
❖ 民事诉讼；
❖ 刑事起诉。

当需要对执行回应做出决定时，所需注意的事项包括：①许可证违规行为的严重性；②通过违规行为所获得的经济效益的多少；③之前采取过的处罚措施；④回应对处于相似环境中的持证者的威慑效果。公正性、公平性、一致性以及 NPDES 项目的完成度都应放在同等重要的位置加以考虑。

## 12.5 公众参与

公民可以采用多种方式参与执法。根据《美国自由情报法》，公民有权从 EPA 的许可证服务系统数据库中获得某一指定设施的违规信息。感兴趣的公民可以参与到联邦民事诉讼中，以打击任何持续违反了项目要求或许可证条件的企业，使该企业在法庭上受到民事处罚。对于解决州或联邦的民事诉讼所拟议的和解协议，公民可以进行审查并提出意见。

《清洁水法》第 505 条允许任何公民以个人的身份实施民事执法行为以打击：①任何

被认为是违反 EPA 或州颁发的排放标准、限值或执行指令的人（包括联邦政府或任何政府机构）；②EPA 或州发布的致使管理机构无法采取适当行为的决议。若 EPA 或州正进行民事或刑事诉讼，则公民不可以进行诉讼。在进行民事诉讼前，公民也必须给 EPA、州以及所谓的违规者 60 天的通告时间。

## 12.6　机构支撑与志愿执行政策

1994 年 6 月 8 日，EPA 设立了一个新的执法和稽查保障办公室（Enforcement and Compliance Assurance，OECA），联合 EPA 中过去不同项目间共享的一些职能。OECA 中的其中一个新的办事处是稽查办公室（Office of Compliance，OC）。该机构最重要的任务就是改进对环境法的遵守情况。为了做到这一点，OC 通过制定长远规划和目标，确定国家执法监督和执法重点；收集和整合执行数据；制定有效的达标监测项目以支持监测自查报告；构建对管理对象更加有效的守法认证能力；与区域、州、直辖市、平民组织和行业互相配合，以支持执法管理。OC 中有 3 个部门是由经济部门（SIC Code）组成的。

作为克林顿总统在 1995 年倡导的监管形式的一部分，EPA 的执法和稽查保障办公室发布了 3 项政策，为自主监管政策提供激励机制。首先是于 1995 年 12 月 22 日发布的“自我管理的鼓励机制：对违规行为的揭发、校正和预防政策”（此后称作“自我审查政策”）。该政策鼓励以揭露曝光、限期整改的方式代替非常严厉的处罚或罚金，惩罚那些在环境审计或其他尽职调查中被查出问题的企业。该政策也向某些自愿查找和揭露违规行为的企业在罚金处罚方面提供 75%的折扣，即使他们的违规行为并非通过环境审计或尽职调查而发现的。自我审查政策包括保护公众健康的重大保护措施，如：排除紧急和重大的危害，能够造成严重实际伤害的违规行为；有权收回由违法行为所获的显著经济利益；要求企业对其所造成的环境危害进行补救；以及消除重复发生的违规行为。

第二个政策是 EPA 的“对小型企业的遵守鼓励机制政策”（此后称作“小型企业政策”），于 1996 年 6 月 10 日生效。该政策旨在通过提供小型企业特殊的鼓励机制，使其参与到守法认证项目中，实行环境审计，进而迅速校正违规行为，促进小型企业的守法行为。根据小型企业政策，“小型企业”是指个人、法人、合作伙伴或其他能够雇佣 100 人（及以下）从事和运营其所有设施的实体。如果小型企业能够满足下列 4 项标准，则 EPA 将免除其全部民事处罚：①企业接受现场的政府守法认证或实行自愿的环境审计，并即刻公开审查中揭示的所有违规行为，证明其在遵守方面很有诚意；②在过去的 3 年中，企业并未因违规而被诉讼，且在过去的 5 年中，企业也没有因环境违规行为遭到 2 次以上的强制执法；③企业整改了违规行为，并在发现违规行为的 6 个月内，对违规行为造成的损害进行补救；④企业并未出现违规行为或其违规行为没有造成实质性重大危害，且不含有刑事行为。

除去整改期较长的或因其违规行为获得巨额经济利益的小企业，若其符合上述所有的标准，EPA 将免去全部惩罚性的罚款，但可能会追讨由于违规行为带来的经济利益。

第三个新政策是“各州对小型团体违规行为的灵活执法政策”（此后称作“小型团体政策”），于 1995 年 11 月 22 日发布。小型团体政策使各州政府明确，在适当的限制内，当需要解决小型团体的环境违规行为时，他们可以灵活地设计和使用多种媒介的执法监督和执法手段，作为传统执法的替代选择。根据小型团体政策，州小型团体的环境守法认证项目可提供：①将小型团体纳入环境守法的完整程序；②整改违规行为的机会。各州政府应建立合理完整的程序，提供整改违规行为的机会。该程序应包括：决定哪些团体能够参与；评估团体的诚信度和环境守法情况；确定团体所能提供的管理、技术和经济能力；衡量完成环境指令所需承担的相对风险；以及探讨建立一个风险优先时间表的实施协议，该时间表符合所有合理的环境指令。

如果团体正处于积极发展中，且具有良好的守法信誉，那么州政府可以放弃部分或全部的违规罚金。但是小型团体政策并不适用于刑事违规行为。EPA 也可保留对那些对公众健康和环境造成紧急或重大危害的行为采取紧急行动的权利。